高职院校精品课程"十二五"规划教材

机械工程材料

JIXIE GONGCHENG CAILIAO

主　审 • 程　迪

主　编 • 张建国

副主编 • 李世显

参　编 • 楚　钊

西南交通大学出版社

·成都·

内容提要

本书共八章，主要内容包括工程材料的性能、工程材料的组织结构、铁碳合金相图、钢的热处理、钢铁材料、非铁合金、常用非金属材料、零件材料的选择等。各章开头有"本章导学"，结尾有"复习思考题"，方便学生的自主学习和课后复习。

本书供高等职业院校机类和近机类专业的学生使用，也可用于职工培训。

图书在版编目（CIP）数据

机械工程材料 / 张建国主编. —成都：西南交通大学出版社，2013.7（2016.1 重印）
高职院校精品课程"十二五"规划教材
ISBN 978-7-5643-2456-8

Ⅰ. ①机… Ⅱ. ①张… Ⅲ. ①机械制造材料－高等职业教育－教材　Ⅳ. ①TH14

中国版本图书馆 CIP 数据核字（2013）第 152891 号

高职院校精品课程"十二五"规划教材

机械工程材料

张建国　主编

*

责任编辑　张华敏
特邀编辑　杨开春　唐建明
封面设计　墨创文化

西南交通大学出版社出版发行

四川省成都市二环路北一段 111 号西南交通大学创新大厦 21 楼
邮政编码：610031　　发行部电话：028-87600564
http://www.xnjdcbs.com

成都勤德印务有限公司印刷

*

成品尺寸：185 mm × 260 mm　　印张：11
字数：273 千字
2013 年 7 月第 1 版　　2016 年 1 月第 3 次印刷
ISBN 978-7-5643-2456-8
定价：26.00 元

图书如有印装质量问题　本社负责退换
版权所有　盗版必究　举报电话：028-87600562

前　言

本教材是为高等职业院校机械类和近机类专业的学生编写的专业基础课教材。

本教材是编者根据高等职业教育"机械工程材料"课程的教学基本要求和近年来高等职业教育的改革发展趋势，结合编者几十年的高等职业教育经验而编写的。

本教材具有以下特点：

1. 教材选用了最新的国家标准。教材中的专业名词、专业术语等都采用了最新的国家标准，同时尽量做到新旧标准的对照，这样不但方便教师的教学，而且有利于新标准的推广和实施。

2. 根据高等职业教育"实用为主，理论够用"的原则，对教材的内容体系进行了调整，删除了"二元合金相图"等内容，降低了理论知识的难度，强调了教材的实用性。

3. 教材的文字在满足科学、标准、准确等要求的基础上，力求通俗易懂，便于学生的自主学习，适应了当前高等职业教育教学方法改革的要求。

4. 教材每章的开头有"本章导学"，介绍了本章的教学重点和学习基本要求，方便学生的学习。每章的结尾有"复习思考题"，其题型对应常见的期末考试题型，方便学生的课后复习和期末复习。

本教材由郑州铁路职业技术学院张建国任主编，郑州铁路职业技术学院李世显任副主编。参加本书编写的有：郑州铁路职业技术学院张建国（绪论、第3章、第4章、第5章），郑州铁路职业技术学院李世显（第1章、第2章），郑州铁路职业技术学院楚钊（第6章、第7章、第8章）。

本教材由郑州铁路职业技术学院程迪教授任主审，他对书稿进行了认真、细致的审阅，并提出了许多宝贵的修改意见，在此表示衷心的感谢。本书的插图得到了郑州铁路职业技术学院刘华洲老师的大力帮助，在此也表示衷心的感谢。

在编写本教材的过程中，编者参考了部分兄弟院校的同类教材，在此一并表示感谢。

由于编者水平有限，书中若有不妥之处，恳请广大读者提出宝贵意见，编者不胜感激。

编　者
2013年4月

目 录

绪 论 ·· 1

第一章 工程材料的性能 ·· 4
  第一节 工程材料的使用性能 ·· 4
  第二节 工程材料的工艺性能 ·· 16
  复习思考题 ·· 17

第二章 工程材料的组织结构 ·· 19
  第一节 金属的晶体结构 ·· 19
  第二节 金属的结晶 ·· 24
  复习思考题 ·· 26

第三章 铁碳合金相图 ·· 27
  第一节 铁碳合金的基本相 ·· 27
  第二节 铁碳合金相图 ··· 30
  复习思考题 ·· 38

第四章 钢的热处理 ··· 39
  第一节 概 述 ··· 39
  第二节 热处理原理 ·· 40
  第三节 整体热处理 ·· 47
  第四节 表面热处理和化学热处理 ··· 55
  第五节 热处理工艺设计 ·· 59
  复习思考题 ·· 62

第五章 钢铁材料 ·· 64
  第一节 钢铁材料的分类 ·· 64
  第二节 钢铁中的元素及其作用 ·· 71
  第三节 非合金钢 ··· 74
  第四节 低合金钢 ··· 81
  第五节 合 金 钢 ··· 84
  第六节 铸 铁 ·· 100
  复习思考题 ·· 107

第六章 非铁合金 ································· 108
第一节 铝及铝合金 ······························· 108
第二节 铜及铜合金 ······························· 114
第三节 滑动轴承合金 ····························· 120
第四节 粉末冶金材料 ····························· 123
复习思考题 ······································· 129

第七章 常用非金属材料 ························· 131
第一节 高分子材料 ······························· 131
第二节 陶瓷材料 ································· 140
第三节 复合材料 ································· 146
复习思考题 ······································· 151

第八章 零件材料的选择 ························· 153
第一节 机械零件的失效 ·························· 153
第二节 零件的选材原则与步骤 ··················· 157
第三节 典型零件的选材 ·························· 159
复习思考题 ······································· 168

参考文献 ··· 169

绪 论

一、"机械工程材料"课程及其主要内容

在人类的发展过程中，人们用各种物质来制造生活用品和工作用品。例如，在新石器时代，人类对石器进行加工，使之成为器皿和精致的工具；在青铜器时代，人类用青铜制造了闻名世界的司母戊鼎；在现代社会，人们用钢铁、铜、铝、锌、尼龙、聚乙烯、聚丙烯、聚四氟乙烯、陶瓷、玻璃钢、碳纤维等制造汽车、火车、飞机、机床、计算机、手机等工业产品和生活用品。这些人类用于制造物品、器件、构件、机器或其他产品的物质称为材料。在现代工业中，材料广泛用于机械、车辆、船舶、建筑、化工、能源、仪器仪表、航空航天等工程领域。在机械工业中用于制造各类机械零件、构件的材料和在机械制造过程中所应用的工艺材料称为机械工程材料。机械工程材料涉及面很广，按属性可分为金属材料和非金属材料两大类。金属材料包括钢铁材料和非铁金属，非金属材料包括有机高分子材料、无机非金属材料和复合材料。

"机械工程材料"课程就是以机械工程材料为研究对象的一门课程，它是机械类或近机类专业大学生必修的一门专业基础类课程，主要研究材料科学的基本理论、机械工程材料的分类、成分、性能、应用以及机械工程材料的强化工艺等。

"机械工程材料"课程的主要内容包括材料的性能、材料的组织结构、铁碳合金相图、钢的热处理、钢铁材料、非铁金属、非金属材料、工程材料的选用等。

二、"机械工程材料"课程在国民经济中的作用

"机械工程材料"课程的研究对象——材料，是人类生产和发展的物质基础，是人类文明的标志，是发展高科技的先导和基石。一种新材料的出现，往往可以导致一系列新技术的突破；各种高新技术和新兴产业的发展，无不依赖于新材料的研发。

"机械工程材料"课程不但是机械专业的基础类课程，并且是其他近机类专业的基础类课程。机械工业肩负着为机械工业和其他工业提供工艺装备的任务，是国民经济的基础工业，其作用尤为重要，在国民经济建设中占有十分重要的地位。工业装备主要由机械零件和部件组成，其中机械零件是机械产品最基本的制造单元。机械零件的制造工艺过程主要包括零件材料的选择、毛坯的生产、切削加工、热处理等，如图 0-1 所示。

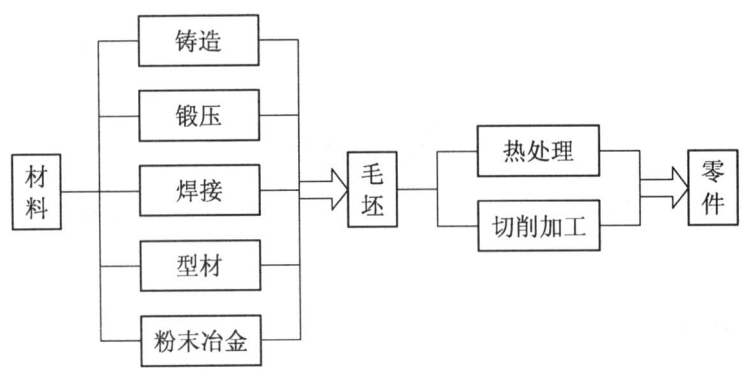

图 0-1 机械零件的制造工艺

零件材料影响着零件制造的整个工艺过程，其影响主要表现在以下两方面：

1. 影响零件的质量。零件的设计、材料、制造工艺是影响零件质量的因素，其中零件材料是影响零件质量的根本因素。没有合格的零件材料，零件质量就无从谈起。

2. 影响零件的加工工艺。零件材料与其加工工艺有着密切的联系。零件材料是选择和制定零件加工工艺的依据，也是选择零件毛坯制造方法的依据。

三、"机械工程材料"课程的教学目标

1. 掌握材料科学的初步知识。
2. 理解相关专业术语、概念的含义，能够看懂相关的技术文件并能够顺利进行相关专业的技术交流。
3. 掌握常用金属材料的分类方法，熟悉各种机械工程材料的牌号（或代号）、性能特点及应用范围，具有选择零件材料的能力。
4. 理解钢的热处理原理，掌握热处理分类方法以及各种热处理工艺的工艺目的、工艺特点和应用，具有选择热处理工艺的能力。
5. 通过实验，使学生具有一定的实践动手操作能力。

四、"机械工程材料"课程的性质、特点及学习方法

"机械工程材料"课程来源于生产实践，又应用于生产实践，具有实践性、应用性和综合性强的特点。

学生学习本课程时，应注意以下几点：

1. "机械工程材料"课程涉及的名词、概念、专业术语多，且难以理解，学生学习本课程会感到枯燥无味。因此学生学习本课程时，应增强机械生产的感性认识，在记忆的基础上多观察、多实践、勤思考，以便提高对名词、概念、专业术语的理解能力。

2. "机械工程材料"课程内容定性描述多，经验性总结多，规律多，各章节内容无严密的逻辑关系，学生可能把握不住重点。因此学生在学习本课程时，应理清思路，善于归纳和总结，在分散的内容中归纳出重点。只有抓住重点，才能提高学习效率和学习效果。

3. 应注重知识的理解和应用。学生学习本课程时有一个认识上的误区，认为学习"机械工程材料"课程就是死记硬背。实际上要学好本课程的关键是对知识的理解，只有理解了所学的材料知识，才能灵活运用材料知识分析和解决实际生产中的问题。

第一章 工程材料的性能

【本章导学】

工程材料是用于机械、车辆、船舶、建筑、化工、能源、仪器仪表、航空航天等工程领域的材料。本章主要学习工程材料的力学性能指标及应用特点、常用硬度计的原理和使用方法等内容。

本章的基本要求：掌握工程材料的强度、塑性、硬度、冲击韧度、疲劳强度指标的基本含义与应用；了解工程材料力学性能指标的测定原理及相关实验设备的结构、作用与组成。

第一节 工程材料的使用性能

使用性能是指材料在使用过程中所表现出来的性能，包括材料的物理性能、化学性能和力学性能。

一、物理性能与化学性能

(一) 物理性能

1. 密 度

金属的密度是指单位体积金属的质量。密度是金属的特性之一，在体积相同的情况下，金属的密度越大，其质量也就越大。金属的密度直接关系到由金属材料所制造设备的自重和效能。如发动机要求质轻和惯性小的活塞，常采用密度小的铝合金制造。在航空工业领域中，密度更是选材的关键性能指标之一。常用金属的密度见表1-1。常将密度小于 $5 \times 10^3 \text{ kg/m}^3$ 的金属称为轻金属，密度大于 $5 \times 10^3 \text{ kg/m}^3$ 的金属称为重金属。

表 1-1 常用金属的物理性能

金属名称	符号	密度（20 ℃）$\rho/[(kg/m^3) \times 10^3]$	熔点/℃	热导率 $\lambda/[W/(m \cdot K)]$	热膨胀系数（0~100 ℃）	电阻率（0 ℃）$\rho/(\Omega \cdot m \cdot 10^{-8})$
银	Ag	10.49	960.8	418.6	19.7	1.5
铝	Al	2.6984	660.1	221.9	23.6	2.655
铜	Cu	8.96	1083	393.5	17.0	1.67~1.68（20 ℃）
铬	Cr	7.19	1903	67	6.2	12.9
铁	Fe	7.84	1538	75.4	11.76	9.7
镁	Mg	1.74	650	153.7	24.3	4.47
锰	Mn	7.43	1244	4.98（-192.℃）	37	185（20 ℃）
镍	Ni	8.90	1453	92.1	13.4	6.84
钛	Ti	4.508	1677	15.1	8.2	42.1~47.8
锡	Sn	7.298	231.91	62.8	2.3	11.5
钨	W	19.3	3380	166.2	4.6（20 ℃）	5.1

2. 熔 点

金属和合金从固态向液态转变时的温度称为熔点。纯金属都有固定的熔点。

合金的熔点取决于它的化学成分，如钢和生铁虽然都是铁和碳的合金，但由于碳的质量分数不同，其熔点也就不同。熔点对于金属和合金的冶炼、铸造、焊接都是重要的工艺参数。

熔点高的金属称为难熔金属（如钨、钼、钒等）。熔点高的金属材料可以用来制造耐高温零件，在火箭、导弹、燃气轮机和喷气飞机等方面得到广泛应用。熔点低的金属称为易熔金属（如锡、铅等），熔点低的金属材料可以用来制造印刷铅字（铅与锑的合金）、保险丝（铅、锡、铋、镉的合金）和防火安全阀等零件。

3. 导热性

金属传导热量的能力称为导热性。金属导热能力的大小常用热导率（亦称导热系数）λ表示。金属的热导率越大，说明其导热性就越好。一般说来，金属越纯，其导热能力就越大。合金的导热性比纯金属差。金属的导热能力以银为最好，铜、铝次之。常用金属的热导率见表 1-1。

导电性和导热性一样，是随合金成分的复杂化而降低的，因而纯金属的导电性总比合金好。因此，工业上常用纯铜、纯铝做导电材料，而用导电性差的铜合金（康铜）和铁铬铝合金材料做电热元件。常用金属的电阻率见表 1-1。

4. 热膨胀性

金属随着温度变化而膨胀、收缩的特性称为热膨胀性。一般来说，金属受热时膨胀而且体积增大，冷却时收缩而且体积缩小。

5. 磁性

金属在磁场中被磁化而呈现磁性强弱的性能称为磁性。根据在磁场中受到磁化程度的不同，金属材料可分为：

铁磁性材料——在外加磁场中，能强烈被磁化到很大程度，如铁、镍、钴等。

顺磁性材料——在外加磁场中呈现十分微弱的磁性，如锰、铬、钼等。

抗磁性材料——能够抗拒或减弱外加磁场磁化作用的金属材料，如铜、金、银、铅、锌等。

在铁磁性材料中，铁及其合金（包括钢与铸铁）具有明显磁性。镍和钴也具有磁性，但远不如铁。铁磁性材料可用于制造变压器、电动机、测量仪表等。抗磁性材料则可用作要求避免电磁场干扰的零件和结构材料。

(二) 化学性能

1. 耐腐蚀性

金属在常温下抵抗氧、水及其他化学介质腐蚀破坏作用的能力，称为耐腐蚀性。金属的耐腐蚀性是一个重要的性能指标，尤其对在腐蚀介质（如酸、碱、盐、有毒气体等）中工作的零件，其腐蚀现象比在空气中更为严重。在选择材料制造这些零件时，应特别注意金属的耐腐蚀性，并采用耐腐蚀性良好的金属或合金制造。

2. 抗氧化性

金属在加热时抵抗氧化作用的能力，称为抗氧化性。金属的氧化随温度升高而加速，例如钢材在铸造、锻造、热处理、焊接等热加工作业时，氧化比较严重。这不仅造成金属材料过量的损耗，也会形成各种缺陷，为此常采取措施避免金属材料发生氧化。

3. 化学稳定性

化学稳定性是金属的耐腐蚀性与抗氧化性的总称。金属在高温下的化学稳定性称为热稳定性。在高温条件下工作的设备（如锅炉、加热设备、汽轮机、喷气发动机等）部件需要选择热稳定性好的金属材料来制造。

二、力学性能

(一) 强 度

强度是指金属材料在静载荷作用下抵抗塑性变形或断裂的能力。强度通常用应力来表示。

1. 拉伸试验

拉伸试验是检验金属材料力学性能普遍采用的一种极为重要的基本试验。其试验方法是将标准试样安装在拉伸试验机上，对试样施加一个轴向静拉力，随着力的不断增加，试样产生的伸长量也不断增加，直至断裂。通过拉伸试验可同时测得强度指标和塑性指标。

（1）拉伸试样

《金属材料室温拉伸试验方法》（GB/T228—2002）规定了金属拉伸试样的形状、尺寸和加工要求。常用标准圆截面试样如图 1-1 所示。

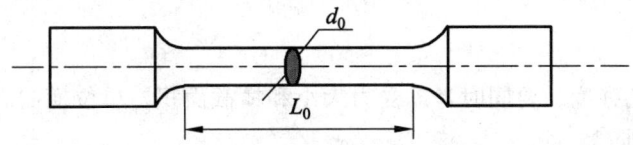

图 1-1　标准圆截面拉伸试样

图 1-1 中，d_0 为试样的原始直径，L_0 为试样的原始标距长度。试样可分为长试样（$L_0 = 10d_0$）和短试样（$L_0 = 5d_0$）两种。

（2）力-伸长曲线

拉伸过程中，由拉伸试验机自动绘出的拉伸力 F 和试样相应伸长量 ΔL 之间的关系曲线，称为力-伸长曲线。图 1-2 所示为低碳钢试样的力-伸长曲线。图中，纵坐标表示力 F，单位为 N；横坐标表示试样伸长量 ΔL，单位为 mm。

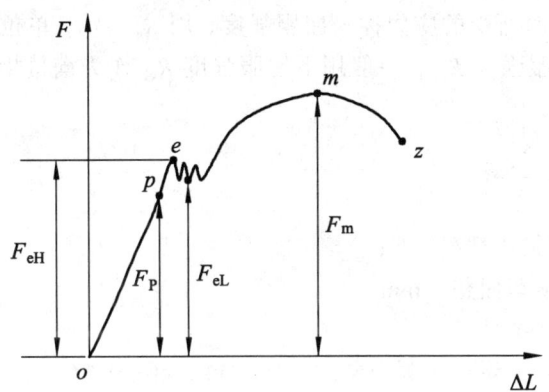

图 1-2　低碳钢的力-伸长曲线

由图 1-2 可见，低碳钢在拉伸过程中明显表现出以下几个变形阶段：

① op——弹性变形阶段

op 段为斜直线，说明伸长量 ΔL 和力 F 成正比。试样在卸载后可恢复原始形状尺寸，F_P 是试样只发生弹性变形的最大拉力。

② pe——屈服阶段

拉伸力超过 F_P 后，试样开始产生塑性变形，即卸载后的试样只能恢复部分变形，仍保留了部分变形。在 pe 段，力-伸长曲线出现平台和锯齿形，说明即使载荷不增加或略有减少时，试样也能继续伸长，金属材料丧失了抵抗变形的能力，这种现象称为屈服。

③ em——强化阶段

em 段为上升曲线，说明只有不断加载，才能使试样继续伸长。这个阶段，随着塑性变形的增大，试样变形抗力逐渐增加，这种现象称为冷变形强化，也叫加工硬化。

④ mz——局部塑性变形（缩颈）阶段

mz 段，试样的直径发生局部收缩变细的现象，称为缩颈，如图 1-3 所示。试样直径变小，继续变形需要的力变小，此段力-伸长曲线为一段下降曲线。继续拉伸，试样从缩颈处断裂。

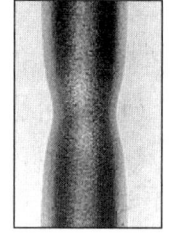

图 1-3 缩颈现象

2. 强度指标

衡量金属材料的强度，要同时考虑受力大小和横截面积。单位横截面积上的载荷称为应力，单位为 MPa，即

$$\sigma = \frac{F}{S}$$

式中　F——载荷，N；
　　　S——横截面积，mm^2。

材料的强度指标主要有屈服强度和抗拉强度。

（1）屈服强度

① 塑性材料的屈服强度

试样产生屈服现象时所受的应力称为屈服强度，用 R_e 表示，单位为 MPa。屈服强度分为上屈服强度 R_{eH} 和下屈服强度 R_{eL}，一般用下屈服强度 R_{eL} 作为衡量指标。屈服强度是金属材料抵抗塑性变形的能力。

$$R_{eL} = \frac{F_{eL}}{S_0}$$

式中　F_{eL}——屈服时的最小载荷，N；
　　　S_0——试样原始横截面积，mm^2。

② 脆性材料的屈服强度

如图 1-4 所示，对于无明显屈服现象的金属材料（如高碳钢、铸铁），测量屈服点很困难，工程上常采用残余伸长率为 0.2% 时的应力，即规定残余伸长应力 $R_{r0.2}$ 作为屈服强度指标，也称为条件屈服强度。

$$R_{r0.2} = \frac{F_{r0.2}}{S_0}$$

式中　$F_{r0.2}$——残余伸长率为 0.2% 时的载荷，N。

（2）抗拉强度

试样拉断前所受的最大应力称为抗拉强度，用符号 R_m 表示，单位是 MPa。抗拉强度是金属材料抵抗断裂的能力。

$$R_m = \frac{F_m}{S_0}$$

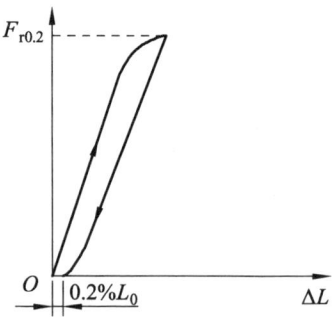

图 1-4 铸铁的力-伸长曲线

式中 F_m——试样拉断前承受的最大载荷，N。

强度是金属材料最重要的力学性能之一。零件、构件、结构在工作过程中在受到超出其材料强度的外力作用时，会发生变形甚至失效。因此，大多数零件设计工作应力不超过其材料的屈服强度。

(二) 塑 性

金属材料在载荷的作用下，产生塑性变形而不断裂的能力称为塑性。塑性的衡量指标为断后伸长率 A 和断面收缩率 Z，可通过拉伸试验测得。

1. 断后伸长率 A

试样拉断后的标距伸长量与原始标距的百分比，称为断后伸长率，用符号 A 表示。（若用长试样测试，则用 $A_{11.3}$ 表示）

$$A = \frac{L_u - L_0}{L_0} \times 100\%$$

式中 L_u——试样原始标距长度；
L_0——试样拉断后的标距长度。

2. 断面收缩率 Z

试样拉断处横截面积的缩减量与原始横截面积的百分比，称为断面收缩率，用符号 Z 表示。

$$Z = \frac{S_0 - S_u}{S_0} \times 100\%$$

式中 S_0——试样的原始横截面积；
S_u——试样断口处的横截面积。

金属材料的断后伸长率和断面收缩率值越大，说明材料的塑性越好。工程中，$A \geq 5\%$ 的材料称为塑性材料，如低碳钢；$A \leq 5\%$ 的材料称为脆性材料，如灰铸铁。塑性直接影响到零件的加工和使用。塑性好的材料易于成型，使用时一旦超载也能产生塑性变形从而避免突然断裂。因此，零件除要求具有一定的强度外，还要求具有一定的塑性。断后伸长率达到 5% 或断面收缩率达 10% 的材料，可满足大多数零件的塑性要求。

(三) 硬 度

硬度是指材料抵抗局部变形，特别是塑性变形、压痕或划痕的能力。

硬度反映的是材料抵抗外物压入其表面的能力，是衡量材料软硬程度的判据。硬度还可以间接地反映金属的强度以及金属在化学成分金相组织和热处理工艺上的差别。因此，硬度是各种零件和工具必备的性能指标。一般来说，硬度高的材料，其耐磨性好，强度也高。

相比拉伸试验,硬度试验简便易行,因此硬度试验应用更广泛。测试硬度的方法很多,通常用静负荷压入法进行,有布氏硬度试验法、洛氏硬度试验法、维氏硬度试验法三种。

1. 布氏硬度

(1) 测试原理

测试原理是使用硬质合金球压头,以规定的试验力压入试样表面,经规定保持时间后卸除试验力,测量表面压痕直径,以金属表面压痕单位面积上所承受载荷的大小来确定被测金属材料的硬度,如图1-5所示。

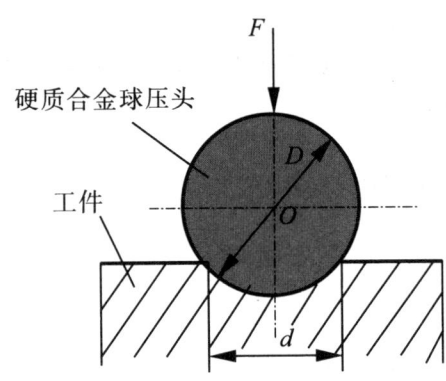

图 1-5　布氏硬度测试原理

布氏硬度用符号 HBW 表示(新标准中不再使用钢球压头)。布氏硬度值可按下式计算:

$$\mathrm{HBW} = \frac{F}{S} = 0.012 \times \frac{2F}{\pi D(D - \sqrt{D^2 - d^2})}$$

式中　F——试验力,N;

　　　S——球面压痕直径,mm^2;

　　　D——球体直径,mm;

　　　d——压痕平均直径,mm。

布氏硬度的单位为 N/mm^2,但是习惯上只写出硬度值而不标出单位。

试验时,不用计算材料的硬度值,可根据测得的压痕直径直接查值。

(2) 布氏硬度试验条件

标准 GB/T231.1—2002 中规定了布氏硬度试验条件。做试验时,压头直径、试验力、试验力保持时间都应根据金属材料的种类、硬度值的范围及金属的厚度进行选择(见表1-2)。

标准规定,即不论何种金属,标准的试验力保持时间都相同,都是 10~15 s。对于要求试验力保持时间较长的材料,标准试验力保持时间允许误差为 ±2 s。一般而言,软金属要获得稳定的布氏硬度值,其试验力保持时间应适当加长。

表 1-2 试验力—压头直径平方之比的选择

材料	布氏硬度/HBW	试验力—压头球直径平方的比率 $0.102F/D^2$
钢、镍合金、钛合金		30
铸铁	<140 ≥140	10 30
铜及铜合金	<35 35~200 >200	5 10 30
轻金属及合金	35~80 >80	5 10 15 10 15
铅、锡		1

（3）表示方法

布氏硬度的表示方法是，测定的硬度数值标注在符号 HBW 的前面，符号后面按直径、试验力、试验力保持时间（保持时间为 10~15 s 不标注）的顺序，用相应的数字表示试验的条件。例如，600 HBW1/30/20 表示用直径为 1 mm 的硬质合金球，在 294.2 N（30 kg）试验力下保持 20 s 测定布氏硬度值为 600。

（4）优缺点及应用

① 优点

布氏硬度试验的优点是压头直径大，压痕面积较大，硬度代表性好，其能反映较大范围内金属各组成相综合影响的平均值，因此特别适用于测定灰铸铁、轴承合金和具有粗大晶粒的金属材料。它的试验数据稳定，精度高于洛氏，低于维氏。此外布氏硬度值与抗拉强度值之间存在较好的对应关系。通过测试布氏硬度可以间接得到材料近似的抗拉强度值，这一点在生产实际应用中具有重大意义。

② 缺点

布氏硬度试验的缺点是压痕较大，不宜测量薄件、成品件，不能测定硬度较高的材料。试验过程比洛氏硬度试验复杂，测量操作和压痕测量都比较费时。为避免球体本身变形影响试验结果的准确性，金属的硬度值的有效范围应小于 650 HBW。

③ 应用

布氏硬度主要用于测定灰铸铁、有色金属、退火及调质处理后的钢材等硬度不是太高的材料。

2. 洛氏硬度

（1）测试原理

测试原理见图 1-6，是用 120°的金刚石圆锥压头或尺寸很小的淬火钢球或硬质合金球作为压头，在初试验力和主试验力的先后作用下，压入材料表面，经规定保持时间后卸除主试验力，在保持初试验力的状态下，根据压痕的深度测定洛氏硬度值。

图 1-6 中：

0-0——未加载荷，压头未接触试件时的位置。

1-1——压头在预载荷 P_0 作用下压入试件的位置，深度为 h_1。

2-2——加主载荷 P_1 后，压头在总载荷 $P = P_0 + P_1$ 的作用下压入试件的位置，压入深度为 h_2。

3-3——去除主载荷 P_1 后但仍保留预载荷 P_0 时压头回升的位置，压头压入试样的深度为 h_3。卸除主试验力弹性变形恢复，压头位置提高到 h_3，此时压头受主载荷作用，实际塑性变形引起的压痕深度为 $e = h_3 - h_1$。

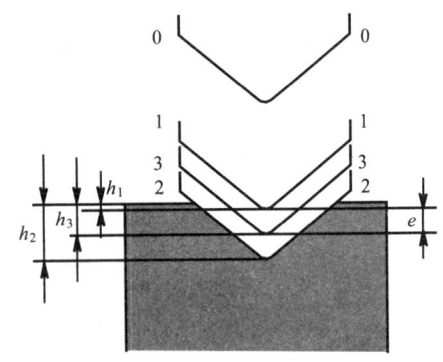

图 1-6 洛氏硬度试验原理

e 值越大，说明试件越软；e 值越小，说明试件越硬。为了适应人们习惯上数值越大硬度越高的概念，人为规定用一常数 K 减去压痕深度 e 的数值来表示硬度的高低，并规定 0.002 mm 为一个洛氏硬度单位，则洛氏硬度值为：

$$HR = \frac{K - e}{0.002}$$

洛氏硬度用符号 HR 表示，没有单位。测量时硬度值可直接在表盘上读出（表盘上有红、黑两种刻度，红色的 30 和黑色的 0 相重合。使用金刚石圆锥压头时，常数 K 为 0.2 mm，硬度值由黑色表盘表示；使用钢球（ϕ = 1.588 mm）压头时，常数 K 为 0.26 mm，硬度值由红色表盘表示）。

（2）洛氏硬度标尺和适用范围

因试验时施加压力和压头材料不同，洛氏硬度的测量尺度也不同。常见的洛氏硬度标尺有 A、B、C 三种，记作 HRA、HRB、HRC。三种洛氏硬度标尺的试验条件和应用范围见表 1-3，其中 HRC 应用较广泛，一般淬火件和工具都采用 HRC 测量。

表 1-3 常用洛氏硬度标尺的试验条件及应用范围

符号	压 头	总载荷/kgf（N）	硬度值有效范围	使用范围
HRA	金钢石圆锥 120°	60（588.4）	20 ~ 88 HRA	适用于测量硬质合金表面淬火或渗碳层
HRB	1.588 mm（1/16″）淬火钢球	100（980.1）	20 ~ 100 HRB	适用于测量有色金属、退火、正火钢等
HRC	金钢石圆锥 120°	150（1471.1）	20 ~ 70 HRC	适用于测量调质钢淬火钢等

（3）表示方法

洛氏硬度的表示方法是，测定的硬度数值标注在符号 HR 的前面，符号后面标注标尺符号和压头的类型。压头类型采用硬质合金球压头时用 W 表示，采用淬火钢球压头时用 S 表示，采用金刚石圆锥压头时不用任何附加符号。例如，60 HRBW 表示 B 标尺，硬质合金球压头测定的洛氏硬度值为 60。

标准规定，标尺为 A、C、D、15N、30N、45N 的洛氏硬度试验均为金刚石圆锥压头，其余标尺的洛氏硬度试验采用钢球或硬质合金球压头。因此，对标尺为 A、C、D、15N、30N、45N 的洛氏硬度试验，表示硬度值时，不必考虑附加任何符号。采用其他标尺的硬度试验需要考虑硬度符号后面附加字母 S 或 W。这一点须加以注意。

（4）优缺点及应用

① 优点

a. 洛氏硬度试验的优点是压痕小，宜测量薄件、半成品、成品件的硬度。

b. 试验操作简单，可直接读出硬度值。

c. 选用不同的标尺，可测量从很软到很硬的材料硬度，测试范围大。

② 缺点

a. 布氏硬度试验的缺点是压痕小，硬度代表性不好，组织不均匀时测到的硬度值波动较大，需在材料的不同部位测四次以上并取平均值。

b. 测量范围广，但是由于所用标尺不同，其硬度值之间不能比较。

③ 应用

洛氏硬度可用于测定硬质合金、表面淬火层、渗碳层、调质钢等硬度较高的场合，可测薄件、半成品、成品件的硬度。洛氏硬度压痕几乎不损伤工件表面，在实际生产的质量检验中应用最多。

3. 维氏硬度

（1）测试原理

测试原理与布氏硬度基本相同，用正四棱锥体金刚石压头，在试验力作用下压入试样表面，保持规定时间后，卸除试验力，测量试样表面压痕对角线长度，以压痕单位面积上承受的平均压力大小表示材料的硬度，符号为 HV，如图 1-7 所示。

维氏硬度的单位为 N/mm^2，但是与布氏硬度一样，习惯上只写出硬度值而不标出单位。试验时，也不用计算，根据测得压痕对角线长度直接查值。

（2）维氏硬度的表示方法

与布氏硬度基本相同表示，维氏硬度符号 HV 前面的数值为硬度值，后面为试验力值。标准的试验保持时间为 10~15 s，如果选用的时间超出这一范围，在力值后面还要注上保持时间。例如：600HV30 表示采用 294.2 N（30 kg）的试验力，保持时间 10~15 s 时得到的维氏硬度值为 600。600HV30/20 表示采用 294.2 N（30 kg）的试验力，保持时间 20 s 时得到的硬度值为 600。

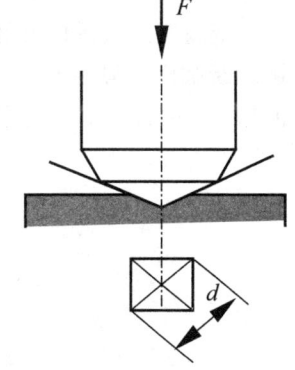

图 1-7　维氏硬度的测试原理

（3）优缺点

① 维氏硬度的优点

相比于洛氏硬度，维氏硬度的优点在于其硬度值与试验力的大小无关，只要是硬度均匀的材料，可以任意选择试验力，其硬度值不变，使维氏硬度在一个很宽广的硬度范围内具有一个统一的标尺。

相比于布氏硬度，维氏硬度试验测量范围宽广，可以测量目前工业上所用到的几乎全部金属材料，从很软的材料（几个维氏硬度单位）到很硬的材料（3 000个维氏硬度单位）都可测量。

维氏硬度试验是常用硬度试验方法中精度最高的。维氏硬度试验的试验力可以很小，压痕非常小，特别适合测试薄小材料。

② 维氏硬度试验的缺点

维氏硬度试验效率低，要求较高的试验技术，对于试样表面的光洁度要求较高，通常需要制作专门的试样，操作麻烦费时，通常只用来测试小型精密零件的硬度、表面硬化层硬度和有效硬化层深度、镀层的表面硬度、薄片材料和细线材的硬度、刀刃附近的硬度等。

(四) 韧 性

韧性是材料在塑性变形和断裂的全过程中吸收能量的能力或材料抵抗裂纹扩展的能力。韧性是材料强度和塑性的综合表现。常用韧性指标有冲击韧度、断裂韧度。

1. 冲击韧性

（1）冲击韧性

金属材料抵抗冲击载荷作用而不破坏的能力称为冲击韧性，是用来评价材料在冲击载荷作用下的脆断倾向的。对于承受冲击载荷的汽车发动机中的活塞，锻锤的锻杆等零件不仅要求具有高的强度和一定的塑性，还必须具备足够的冲击韧性。冲击韧性的好坏由冲击韧度的大小来反映。

（2）冲击韧度的测定

冲击韧度的测定方法如图1-8所示，是将被测材料制成标准缺口试样，在冲击试验机上由置于一定高度的重锤自由落下而一次冲断。冲断试样所消耗的能量称为冲击功 A_K，其数值为重锤冲断试样的势能差。冲击韧度值 α_K 就是试样缺口处单位截面积上所消耗的冲击功，这个值越大，受冲击时，越不容易断裂，则韧性越好。

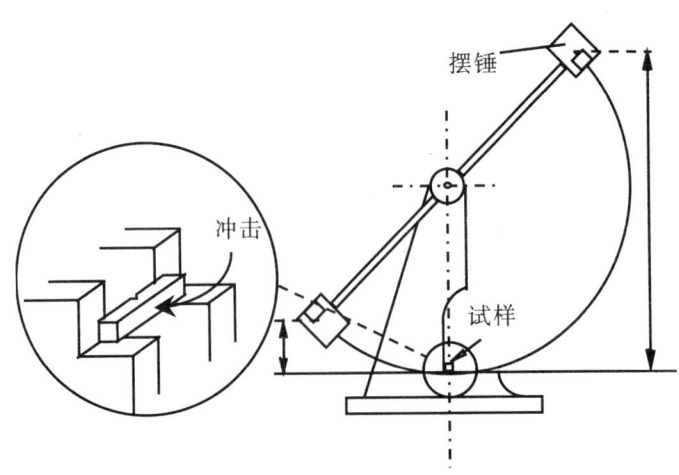

图1-8　冲击试验示意图

实践证明，冲击韧性对材料的缺陷很敏感，白点、夹杂以及处理过程中产生的过热等缺陷都会降低材料的冲击韧性。因此，在进行材料处理时要尽量避免出现这些缺陷，从而提高材料的冲击韧性。

2. 断裂韧性

材料中宏观裂纹的出现是难免的，会造成零件的低应力脆断，从而引发大量工程事故。

断裂韧性反映材料中有宏观裂纹存在时，材料抵抗脆性断裂的能力。断裂韧性的好坏由断裂韧度反映。断裂韧度是裂纹失稳扩展时的应力场强度因子的临界值，符号为 K_{IC}。K_{IC} 的值越大，材料裂纹扩展所需的外力越大，抵抗低应力脆断的能力越高。

断裂韧度与材料本身的成分、成型工艺有关，与裂纹的形状、尺寸及外应力的大小无关。

(五) 疲劳强度

1. 疲劳断裂

疲劳断裂是指零件在交变载荷作用下，虽然工作应力远低于材料的屈服强度，但经较长时间工作后也会发生断裂的现象。某些零件，如轴、弹簧、齿轮和叶片等都是在交变载荷下长期工作的，工作应力并不太高，符合静强度的设计要求。但是在工作过程中，往往是在工作应力远低于屈服强度的情况下发生疲劳断裂。构件的失效约 80% 是疲劳失效。疲劳断裂前无论是韧性材料还是脆性材料均无明显的塑性变形，是一种无预兆、突然发生的断裂，危险性极大。

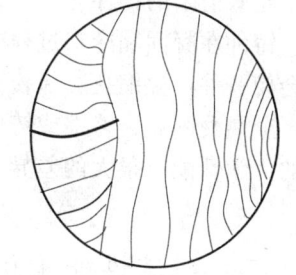

图 1-9 疲劳断裂断口示意图

如图 1-9 所示，疲劳断裂的基本过程是：裂纹的产生—裂纹扩展—最后断裂。

2. 疲劳强度

研究表明，材料所受的应力越低，断裂前的循环次数越多。

疲劳强度是指材料在"无数"（试验时，钢材的循环次数以 10^7 为基数，有色金属的循环次数以 10^8 为基数）次重复交变载荷的作用下而不破坏的最大应力。当交变应力循环对称时，用符号 σ_{-1} 表示。σ_{-1} 的值越大，材料抵抗疲劳破坏的能力越强。

3. 提高疲劳强度的措施

疲劳强度除与材料本质有关外，还与内部组织、零件表面状况、工作温度、腐蚀介质有关。零件表面粗糙、表面加工缺陷、表面尖角、温度升高和腐蚀环境都能降低疲劳强度。提高零件构件疲劳强度的措施主要有：

a. 改善材料的内部组织，细化晶粒，减少缺陷。

b. 降低零件构件的表面粗糙度。

c. 零件构件的表面尽量避免出现尖角、缺口和截面突变的结构。

d. 采取表面强化措施，如化学热处理、表面淬火、表面涂层、喷丸等，造成表面的压应力，以减少表面拉应力造成裂纹的可能性。

第二节　工程材料的工艺性能

金属材料的工艺性能是金属在加工制造过程中反映出来的性能。随着不同的加工过程，金属材料的工艺性能包括以下几个方面：

一、铸造性能

铸造性能是指金属材料铸造成形获得优良铸件的能力。铸造性能用流动性、收缩性和偏析来衡量。

熔融金属的流动能力称为流动性。流动性好的金属易充满铸型，获得外形完整、尺寸精确、轮廓清晰的铸件。

铸件在凝固和冷却过程中，其体积和尺寸减小的现象称为收缩性。收缩不仅影响尺寸，还会使铸件产生缩孔、疏松、内应力、变形和开裂。

金属凝固后，铸锭或铸件的化学成分和组织的不均匀现象称为偏析。偏析会使铸件各部分的力学性能有很大的差异，降低铸件的质量。

二、锻造性能（可锻性）

锻造性能是指金属进行锻造时成形而不开裂的能力。金属材料塑性好、变形抗力小，则其锻造性能好。低碳钢的锻造性能好于高碳钢。

三、焊接性能（可焊性）

金属材料对焊接加工的适应性称为焊接性。在机械行业中，焊接的主要对象是钢材。碳的质量分数是焊接性能好坏的主要因素。碳的质量分数和合金元素的质量分数越高，焊接性能越差。焊接性能还受到材料本身特性和工艺条件的影响。

四、切削加工性能

切削加工性能是指金属在进行切削加工时的难易程度，一般用切削后的表面质量（以表面粗糙度高低衡量）和刀具寿命来表示。金属具有适当的硬度和足够的脆性时切削性能良好。铸铁、铝合金、铜合金有较好的切削加工性能，高合金钢的切削性能较差。改变钢的化学成分（加入少量的铅、磷元素）和进行适当的热处理（低碳钢正火、高碳钢球化退火）可提高钢的切削加工性能。

五、热处理工艺性能

热处理工艺性能是指金属材料适应热处理工艺的能力。热处理工艺性能对于钢是非常重要的，包括淬透性、热应力倾向、加热和冷却过程中裂纹形成倾向等，主要考虑其淬透性，即钢接受淬火的能力。含锰（Mn）、铬（Cr）、镍（Ni）等合金元素的合金钢淬透性比较好，碳钢的淬透性比较差。

复习思考题

1-1 填空题

1．金属的性能分为_____性能和_____性能。
2．金属的化学性能包括_____性、_____性和_____性等。
3．铁和铜的密度较大，称为_____金属；铝的密度较小，则称为_____金属。
4．500HBW5/750 表示用直径为_____mm、材质为_____的压头，在_____kgf 或压力下，保持_____s，测得的_____硬度值为_____。
5．冲击吸收功的符号是_____，其单位为_____。
6．衡量材料强度高低的主要指标有_____和_____。
7．衡量材料塑性好坏的主要指标有_____和_____。
8．HBS 的测试范围是_____、压头类型是_____、主要用于测定_____。
9．HRB 的测试范围是_____、压头类型是_____、主要用于测定_____。
10．HRC 的测试范围是_____、压头类型是_____、主要用于测定_____。

1-2 选择题

1．拉伸试验时，试样拉断前能承受的最大应力称为材料的_____。
   A．屈服点　　　　　　B．抗拉强度　　　　　C．弹性极限
2．测定淬火钢件的硬度，一般常选用_____来测试。
   A．布氏硬度计　　　　B．洛氏硬度计　　　　C．维氏硬度计
3．做疲劳试验时，试样承受的载荷为
   A．静态力　　　　　　B．冲击载荷　　　　　C．循环载荷
4．金属抵抗永久变形和断裂的能力，称为
   A．硬度　　　　　　　B．塑性　　　　　　　C．强度
5．金属的_____越好，则其锻造性能就越好。
   A．强度　　　　　　　B．塑性　　　　　　　C．硬度

1-3 判断题

1. 金属的熔点及凝固点是同一温度。（　）
2. 1 kg 钢和 1 kg 铝的体积是相同的。（　）
3. 导热性差的金属，加热和冷却时会产生内外温度差，导致内外不同的膨胀或收缩，从而使金属变形，甚至产生开裂。（　）
4. 金属的电阻率越大，导电性就越好。（　）
5. 所有的金属都具有磁性，都能被磁铁所吸引。（　）
6. 塑性变形能随载荷的去除而消失。（　）
7. 所有金属在拉伸试验时都会出现显著的屈服现象。（　）
8. 当布氏硬度试验的试验条件相同时，压痕直径越小，则金属的硬度越低。（　）
9. 洛氏硬度值是根据压头压入被测金属的残余深度来确定的。（　）
10. 小能量多次冲击抗力的大小主要取决于金属的强度高低。（　）

1-4 简答题

1. 画出低碳钢力-伸长曲线，并简述拉伸变形的几个阶段。
2. 布氏硬度试验有哪些优缺点？
3. 有一钢试样，其直径为 10 mm，标距长度为 50 mm，当拉伸力达到 18 840 N 时试样产生屈服现象。拉伸力加至 36 110 N 时，试样产生缩颈现象，然后被拉断。拉断后标距长度为 73 mm，断裂处直径为 6.7 mm。求试样的 R_{eL}、R_m、A 和 Z。

第二章　工程材料的组织结构

【本章导学】

本章主要学习金属的晶体结构和金属的结晶内容。

本章的基本要求：准确理解晶体与非晶体的性能区别，掌握晶体的主要晶格类型、固溶强化、结晶过程的本质、晶粒大小对合金性能的影响及细化晶粒的方法，掌握合金的三类主要组织。

第一节　金属的晶体结构

一、纯金属的晶体结构

(一) 晶体与非晶体

根据原子排列的特征，固态物质可分为晶体与非晶体两类。晶体是指其组成微粒（原子、离子或分子）呈规则排列的物质，如图 2-1 所示。晶体具有固定熔点和各向异性的特征，诸如金刚石、石墨及一般固态金属材料等均是晶体。非晶体是指其组成微粒无规则堆积在一起的物质，如玻璃、沥青、石蜡、松香等都是非晶体。此外，随着现代科技的发展，也制成了具有特殊性能的非晶体状态的金属材料。

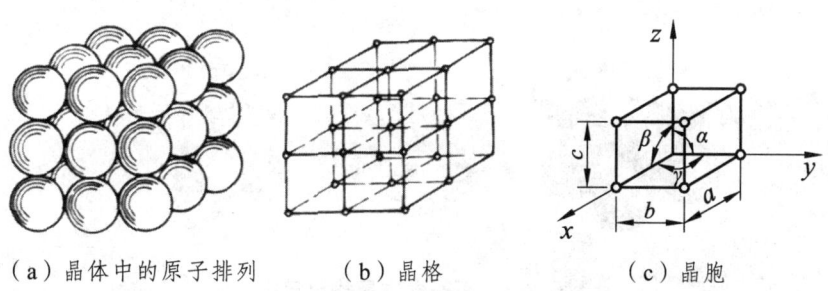

（a）晶体中的原子排列　　（b）晶格　　（c）晶胞

图 2-1　简单立方晶格与晶胞示意图

(二) 晶体结构的基本知识

1. 晶格

为了便于描述和理解晶体中原子在三维空间排列的规律性，可把晶体内部原子近似地视为刚性质点,用一些假想的直线将各质点中心连接起来,形成一个空间格子,如图 2-1 所示。这种抽象的用于描述原子在晶体中排列形式的空间几何格子,称为晶格。

2. 晶胞

根据晶体中原子排列规律性和周期性的特点,通常都从晶格中选取一个能够充分反映原子排列特点的最小几何单元进行分析。这个组成晶格的最小几何单元称为晶胞,如图 2-1 所示。

3. 常见的金属晶格类型

在已知的金属元素中,大部分金属的晶体结构都属于下面三种类型

(1) 体心立方晶格

这种晶格的晶胞是立方体,立方体的八个顶角和中心各有一个原子,如图 2-2 所示。

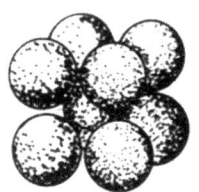
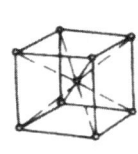
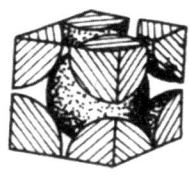

图 2-2 体心立方晶格示意图

具有这种晶格的金属有钨(W)、钼(Mo)、铬(Cr)、钒(V)、α-Fe 等。

(2) 面心立方晶格

这种晶格的晶胞也是立方体,立方体的八个顶角和六个面的中心各有一个原子,如图 2-3 所示。具有这种晶格的金属有金(Au)、银(Ag)、铝(Al)、铜(Cu)、镍(Ni)、γ-Fe 等。

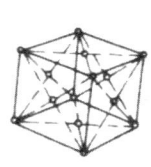
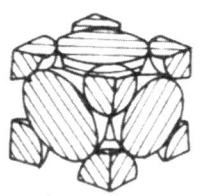

图 2-3 面心立方晶格示意图

(3) 密排六方晶格

这种晶格的晶胞是六方柱体,在六方柱体的十二个顶角和上下底面中心各有一个原子,另外在上下面之间还有三个原子,如图 2-4 所示。具有此种晶格的金属有镁(Mg)、锌(Zn)、铍(Be)、α-Ti 等。

 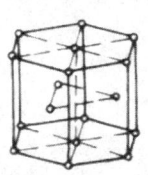 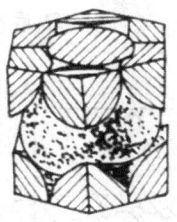

图 2-4 密排六方晶格示意图

（三）金属的实际晶体结构

如果一块晶体内部的晶格位向（即原子排列的方向）完全一致，则称这块晶体为单晶体。只有采用特殊方法才能获得单晶体，如单晶硅、单晶锗等。实际使用的金属材料即使是体积很小，其内部仍包含了许多颗粒状的小晶体，各小晶体中原子排列的方向不尽相同。这种由许多晶粒组成的晶体称为多晶体，如图 2-5 所示。多晶体材料内部以晶界分开的，晶体学位向相同的晶体称为晶粒。两晶粒之间的交界处称为晶界。

由于一般的金属都是多晶体结构，故通常测出的性能都是各个位向不同的晶粒的平均性能，结果就使金属显示出各向同性。

图 2-5 金属的多晶体结构示意图

在晶界上原子的排列不像晶粒内部那样有规则，这种原子排列不规则的部位称为晶体缺陷。根据晶体缺陷的几何特点，可将晶体缺陷分为以下三种：

1. 点缺陷

点缺陷是晶体中呈点状的缺陷，即在三维空间上的尺寸都很小的晶体缺陷。最常见的缺陷是晶格空位和间隙原子。原子空缺的位置叫做空位；存在于晶格间隙位置的原子叫做间隙原子，如图 2-6 所示。

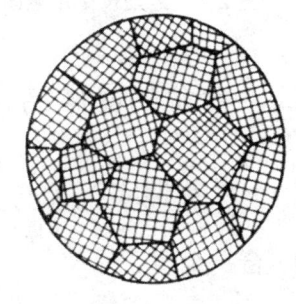

图 2-6 晶格空位和间隙原子示意图

2. 线缺陷

线缺陷是指在三维空间的两个方向上尺寸很小的晶体缺陷，如图 2-7 所示。这种缺陷主要是指各种类型的位错。所谓位错是指晶格中一列或若干列原子发生了某种有规律的错排现象。由于位错存在，造成金属晶格畸变，并对金属的性能，如强度、塑性、疲劳及原子扩散、相变过程等都将产生重要影响。

3. 面缺陷

面缺陷是指在二维方向上尺寸都很大，在第三个方向上的尺寸却很小，呈面状分布的缺陷（见图 2-8），通常都是指晶界。在晶界处，由于原子呈不规则排列，使晶格处于畸变状态,它在常温下对金属的塑性变形起阻碍作用,从而使金属材料的强度和硬度都有所提高。

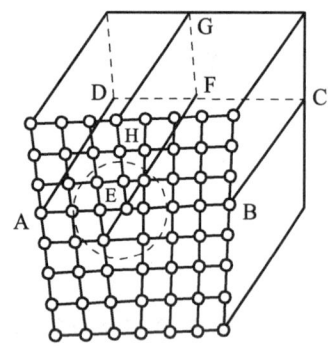

图 2-7 刃型位错示意图

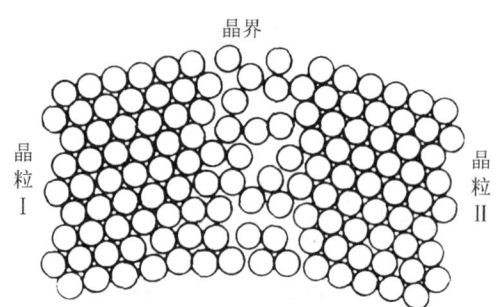

图 2-8 晶界过渡结构示意图

二、合金的晶体结构

(一) 基本概念

1. 合 金

合金是由两种或两种以上的金属元素或以金属为基体添加其他非金属元素通过合金化工艺(熔炼、机械合金化、烧结、气相沉积等)而形成的具有金属特性的金属材料。

2. 组 元

组成合金的最基本的、独立的物质称为组元。一般来说,组元就是组成合金的元素,但有时也可将稳定的化合物作为组元。

3. 合金系

由若干给定组元按不同比例配制而成的一系列成分不同的合金,称为合金系。

4. 相

相是指金属或合金中具有相同成分、相同结构并以界面相互分开的各个均匀组成部分。例如,在铁碳合金中 $\alpha-Fe$ 为一个相,Fe_3C 为一个相;水和冰虽然化学成分相同,但其物理性能不同,故为两个相。

5. 组 织

组织是指用金相观察方法看到的金属及其合金内部涉及相或晶粒的大小、方向、形状、排列状况等组成关系的构造情况。

合金的性能取决于组织,而组织又首先取决于合金中的相,所以,为了掌握合金的组织和性能,首先必须了解合金晶体的结构。

（二）合金的晶体结构

根据合金中各组元间的相互作用，合金的晶体结构可分为固溶体、金属化合物及机械混合物三种类型。

1. 固溶体

将糖溶于水中，可以得到糖在水中的液溶体，其中水是溶剂，糖是溶质。合金中也有类似的现象。合金在固态下一种组元的晶格内溶解了另一种组元的原子而形成的晶体相，称为固溶体。

根据溶质原子在溶剂晶格中所占位置的不同，可将固溶体分为置换固溶体和间隙固溶体。

（1）置换固溶体

溶质原子代替一部分溶剂原子占据溶剂晶格部分结点位置时所形成的晶体相，称为置换固溶体，如图 2-9（a）所示。按溶质溶解度不同，置换固溶体又可分为有限固溶体和无限固溶体。溶解度主要取决于组元间的晶格类型、原子半径和原子结构。实践证明，大多数合金都只能有限固溶，且溶解度随着温度的升高而增加。只有两组元晶格类型相同、原子半径相差很小时，才可以无限互溶，形成无限固溶体。

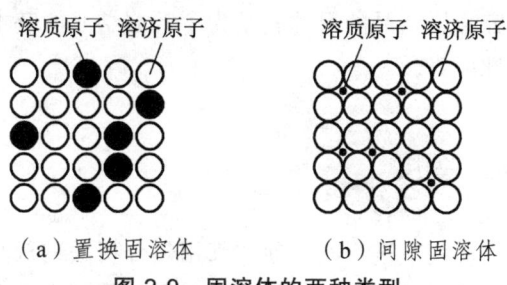

图 2-9　固溶体的两种类型

（2）间隙固溶体

溶质原子在溶剂晶格中不占据溶剂结点位置，而嵌入各结点之间的间隙内时，所形成的晶体相，称为间隙固溶体，如图 2-9（b）所示。

由于溶剂晶格的间隙有限，所以间隙固溶体只能有限溶解溶质原子，只有在溶质原子与溶剂原子半径的比值小于 0.59 时，才能形成间隙固溶体。间隙固溶体的溶解度与温度、溶质与溶剂原子半径比值及溶剂晶格类型等有关。

应当指出，无论是置换固溶体，还是间隙固溶体，异类原子的插入都将使固溶体晶格发生畸变，增加位错运动的阻力，使固溶体的强度和硬度提高。这种通过溶入溶质原子形成固溶体，从而使合金强度、硬度升高的现象称为固溶强化。固溶强化是强化金属材料的重要途径之一。

实践证明，只要适当控制固溶体中溶质的含量，就能在显著提高金属材料强度的同时仍然使其保持较高的塑性和韧性。

2. 金属化合物

金属化合物是指合金中各组元原子按一定整数比结合而形成的晶体相。例如，铁碳合金中的渗碳体就是铁和碳组成的化合物 Fe_3C。金属化合物具有与其构成组元晶格截然不同的特殊晶格，熔点高，硬而脆。合金中出现金属化合物时，通常能显著地提高合金的强度、硬度和耐磨性，但塑性和韧性也会明显地降低。

3. 机械混合物

纯金属、固溶体。金属化合物均是组成合金的基本相。由两相或两相以上组成的多相组织，称为机械混合物。在机械混合物中各组成相仍保持着它原有晶格类型和性能，而整个机械混合物的性能则介于各组成相性能之间，与各组成相的性能以及相的数量、形状、大小和分布状况等密切相关。在机械工程材料中使用的合金材料绝大多数都是机械混合物这种组织状态。

第二节 金属的结晶

除粉末冶金产品外，大多数的金属制件都是经过熔化、浇注而获得的，这种由液态转变为固态的过程称为凝固。通过凝固形成晶体的过程称为结晶。金属结晶形成的组织，将直接影响金属的各种性能。研究金属结晶的目的就是为了掌握结晶的基本规律，以便指导实际生产，获得所需要的组织和性能。

一、冷却曲线与过冷度

纯金属的结晶是在一定温度下进行的，通常都用热分析法进行测量。首先将金属熔化，然后以缓慢的速度冷却。在冷却过程中，每隔一定时间都要测定一次温度，最后将测量结果绘制在温度-时间（T-t）坐标上，即可得到如图 2-10 所示的纯金属冷却曲线。

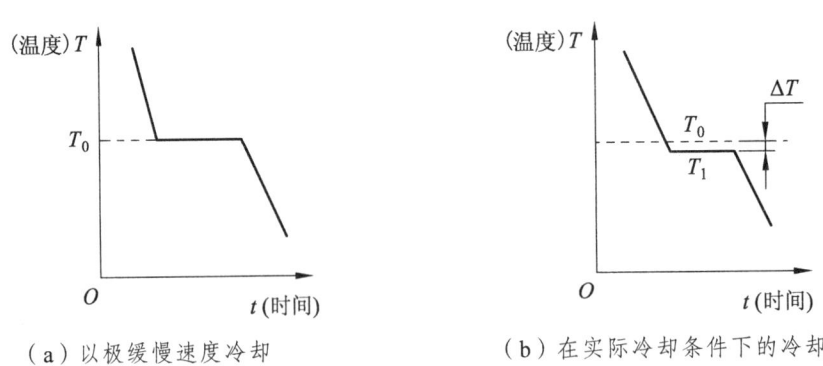

(a) 以极缓慢速度冷却　　　　　(b) 在实际冷却条件下的冷却

图 2-10　纯金属结晶时的冷却曲线

从冷却曲线可知，金属液随着时间的推移，温度不断下降。当冷却到某一温度时，在冷却曲线上出现水平线段，这个水平线段所对应的温度就是金属的理论结晶温度（T_0）。另外，从图 2-10 中的曲线还可以看出，金属在实际结晶过程中，从液态必须冷却到理论温度（T_0）

以下才开始结晶。这种现象称为过冷。理论结晶温度 T_0 和实际结晶温度 T_1 之差 ΔT，称为过冷度。试验研究指出，金属结晶时的过冷度并不是一个恒定值，其与冷却速度有关，冷却速度越大过冷度就越大，金属的实际结晶温度就越低。

在实际生产中，金属结晶必须在一定的过冷度下进行，过冷是金属结晶的必要条件。

二、金属的结晶过程

试验证明，金属液在达到结晶温度时，首先形成一些极细小的微晶体——晶核。随着时间的推移，已形成的晶核不断长大。与此同时，又有新的晶核形成、长大，直至金属液全部凝固。凝固结束后，各个晶核长成的晶粒彼此相互接触，如图 2-11 所示。晶核的形成和晶核的长大就是金属结晶的基本过程。

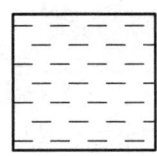 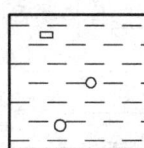 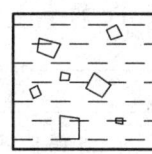  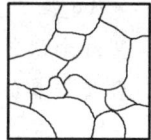

图 2-11 纯金属结晶过程示意图

三、金属结晶后的晶粒大小

(一) 晶粒大小对金属力学性能的影响

金属结晶后形成由许多晶粒组成的多晶体。晶粒大小对金属的力学性能有很大影响。一般情况下，晶粒愈细小，金属的强度、硬度就愈高，塑性、韧性就愈好，因此，生产实践中总是希望使金属及其合金获得较细的晶粒组织。晶粒大小对纯铁力学性能的影响见表 2-1。

表 2-1 纯铁晶粒大小对其强度和塑性的影响

晶粒子均直径 $d_{av} \times 100$/mm	抗拉强度 R_m/MPa	伸长率 A/%
9.7	168	28.8
7.0	184	30.6
2.5	215	39.6
0.2	268	48.8
0.16	270	50.7
0.1	284	50

(二) 晶粒大小的控制

在生产中，为了获得细小的晶粒，常采用以下方法：

a. 加快金属液的冷却速度。例如：降低浇注温度；采用蓄热大和散热快的金属铸型；局部加冷铁以及采用水冷铸型等。但这些措施对大型铸件效果都不明显。

b. 变质处理。所谓变质处理就是在浇注前，以少量粉末物质加入金属液中，促进形核，以改善金属组织和性能的方法。这类物质可起晶核的作用，从而细化晶粒。

c. 采用机械振动、超声波振动和电磁振动等。可使生长中的枝晶破碎，使晶核数增多，从而细化晶粒。

复习思考题

2-1 填空题

1. 晶体与非晶体的根本区别在于_____。
2. 金属晶格的基本类型有_____、_____与_____三种。其中 γ-Fe 属于_____晶格类型，α-Fe 属于_____晶格类型。
3. 实际金属的晶体晶格缺陷有_____、_____、_____三类。
4. 金属结晶的过程是一个_____和_____的过程。
5. 金属结晶的必要条件是_____，金属的实际结晶温度_____不是一个恒定值。
6. 金属结晶时_____越大，过冷度越大，金属的_____温度就越低。
7. 金属的晶粒愈细小，其强度、硬度_____，塑性、韧性_____。
8. 合金的晶体结构分为_____、_____与_____三种。
9. 根据溶质原子在溶剂晶格中所占据的位置不同，固溶体可分为_____、_____两类。
10. 在大多数情况下，溶质在溶剂中的溶解度随着温度升高而_____。
11. 增大金属冷凝时冷速，金属实际结晶温度___，得到晶粒_____，力学性能_____。当没有办法提高冷速时，要获得较细晶粒，通常工艺上采用的方法是_____。

2-2 判断题

1. 纯铁在 780 °C 是面心立方晶格的 γ-Fe。( )
2. 实际金属的晶体结构不仅是多晶体，而且还存在着多种缺陷。( )
3. 纯金属的结晶过程是一个恒温过程。( )
4. 固溶体的晶格仍然保持溶剂的晶格类型。( )
5. 间隙固溶体只能为有限固溶体，置换固溶体可以是无限固溶体。( )

2-3 简答题

1. 常见的金属晶格类型有哪几种？试绘图说明。
2. 实际金属晶体中存在哪些晶体缺陷？对性能有何影响？
3. 什么是过冷现象和过冷度？过冷度与冷却速度有什么关系？
4. 金属的结晶是怎样进行的？
5. 金属在结晶时，影响晶粒大小的主要因素是什么？
6. 何为金属的同素异构转变？试举例说明。
7. 什么是固溶体？什么是金属化合物？它们的结构特点和性能特点各是什么？
8. 金属细化晶粒的途径有哪些？

第三章　铁碳合金相图

【本章导学】

铁碳合金是由铁和碳组成的合金。钢铁材料就是铁碳合金，是机械工业中应用最广泛的金属材料。本章主要学习纯铁的同素异晶转变、铁碳合金的基本相、铁碳合金相图等内容。

本章的基本要求：掌握 δ-Fe、γ-Fe、α-Fe、铁素体、奥氏体、渗碳体、珠光体等概念及其表示符号；掌握亚共析钢、共析钢、过共析钢的成分范围及其室温平衡组织；掌握铁碳合金成分、组织、性能的关系；了解合金结晶过程的分析方法。

第一节　铁碳合金的基本相

一、纯铁的同素异晶转变

大多数金属结晶后其晶格类型都不再发生变化，但也有少数金属，如 Fe、Co、Ti、Mn、Sn 等，在结晶后会随温度变化而出现晶格变化。我们把这种金属在固态下，随着温度的变化，晶格类型由一种类型转变为另一种类型的转变过程，称为同素异晶转变，也叫同素异构转变。

纯铁冷却过程中会发生同素异晶转变。图 3-1 所示是纯铁的冷却曲线。

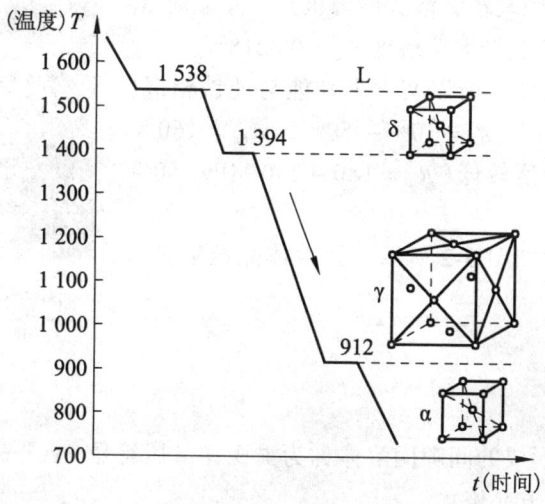

图 3-1　纯铁的冷却曲线

从图 3-1 中可以看出：纯铁在 1 538 ℃ 结晶出具有体心立方晶格的 δ-Fe；冷却至 1 394 ℃ 时发生同素异晶转变，α-Fe 转变为面心晶格的 γ-Fe；冷却至 912 ℃ 时发生同素异晶转变，γ-Fe 转变为体心晶格的 α-Fe。

另外，纯铁冷却至 770 ℃ 发生磁性转变，即 770 ℃ 以上纯铁没有磁性，770 ℃ 以下纯铁具有磁性。磁性转变过程中不发生晶格转变，不是同素异构转变。

金属的同素异晶转变过程与液态金属的结晶过程相似，遵循结晶的一般规律：都有一定的转变温度，转变时需要过冷，转变时会释放潜热，转变过程也是由晶核的形成和晶核的长大两个过程组成。但金属的同素异晶转变过程与液态金属的结晶过程也有区别：同素异晶转变过程是在固态下完成的，转变过程中原子的扩散较困难，需要的过冷度大，且转变过程中伴随着体积变化，往往产生较大的内应力。

纯铁的同素异晶转变是纯铁的一个重要特性，它是分析铁碳合金组织转变的基础，也是钢铁材料能够进行热处理的理论基础。钢铁材料之所以应用非常广泛，其中一个重要原因就是因为组成钢铁材料的铁元素具有同素异晶转变现象。

二、铁碳合金的基本相

铁与碳是铁碳合金的两个基本组元，在液态下二者相互溶解，形成液相；在固态下二者相互作用，含碳量低时形成固溶体相，含碳量高时形成金属化合物相；另外，固溶体和金属化合物还可以组成混合物相。更具体点说，铁碳合金中会形成铁素体、奥氏体、渗碳体等基本相和珠光体、莱氏体等混合物相。

(一) 铁素体

碳溶解在 α-Fe 中形成的间隙固溶体称为铁素体，用符号"F"表示。铁素体保持 α-Fe 的晶格类型，为体心立方晶格。

体心立方晶格的间隙较小，溶碳能力极差，室温时 w_C = 0.0008%，727 ℃ 时达到最大溶解度 w_C = 0.0218%。

铁素体的含碳量很低，所以其力学性能与纯铁相似，表现为塑性、韧性好（A = 30% ~ 50%，α_K = 160 ~ 200 J/cm^2），而强度、硬度较低（R_m = 180 ~ 280 MPa，50 ~ 80 HBW）。

铁素体的显微组织如图 3-2 所示，铁素体晶粒呈多边形，晶界曲折。

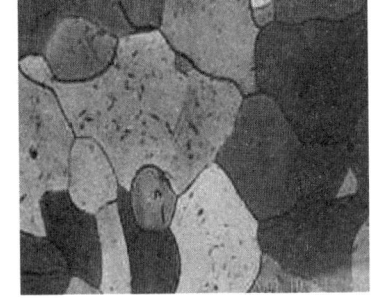

图 3-2 铁素体的显微组织

(二) 奥氏体

碳溶解在 γ-Fe 中形成的间隙固溶体称为奥氏体，用符号"A"表示。奥氏体保持 γ-Fe 的晶格类型，为面心立方晶格。

面心立方晶格间隙较大，溶碳能力大于体心立方晶格，在727 ℃时$w_C = 0.77\%$，在1 148 ℃时达到最大溶解度$w_C = 2.11\%$。

奥氏体具有一定的强度和硬度（$R_m = 400$ MPa，170 ~ 220 HBW），塑性很好（$A = 40\% \sim 50\%$）。奥氏体属于高温组织，存在温度范围为727 ~ 1 394 ℃，塑性很好，变形抗力较小，是锻造加工的理想组织。

奥氏体的晶胞显微组织如图3-3所示，奥氏体晶粒呈多边形晶粒，晶内可见孪晶产生的平行的直线条，晶界比铁素体平直。

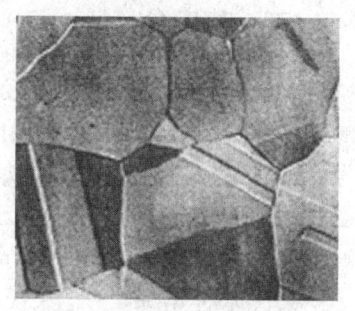

图3-3 奥氏体的晶胞和显微组织

(三) 渗碳体

渗碳体是铁碳合金按亚稳定平衡系统凝固和冷却转变时析出的Fe_3C型碳化物，是一种具有复杂晶格的间隙化合物，其符号用化学分子式"Fe_3C"表示，也可用符号"C_m"表示。它的$w_C = 6.69\%$，熔点为1 227 ℃。渗碳体分为一次渗碳体（从液相中析出，符号为Fe_3C_I）、二次渗碳体（从奥氏体中析出，符号为Fe_3C_{II}）和三次渗碳体（从铁素体中析出，符号为Fe_3C_{III}）。

渗碳体硬度很高（约1 000 HV），塑性和韧性几乎为零，脆性大，是一种硬而脆的相。在铁碳合金中，渗碳体常以粒状、片状、网状等形态与其他相共存。渗碳体是钢中的主要强化相，它的形态、大小、数量、分布对钢的性能产生很大影响。

渗碳体是一种亚稳定相，在一定条件下可分解。

(四) 珠光体

珠光体是奥氏体发生共析转变形成的铁素体与渗碳体的共析体，其形态为铁素体薄层和渗碳体薄层交替重叠的层状复相物，也称片状珠光体，用符号"P"表示，其$w_C = 0.77\%$。

珠光体的力学性能介于铁素体与渗碳体之间，强度较高，硬度适中，塑性和韧性较好（$R_m = 770$ MPa、180 HBW、$A = 20\% \sim 35\%$、$\alpha_K = 10 \sim 20$ J/cm^2）。

在球化退火条件下，珠光体中的渗碳体由片状转变为粒状，这样的珠光体称为粒状珠光体。片状珠光体和粒状珠光体的显微组织如图3-4所示。

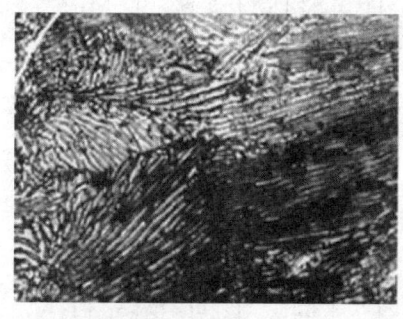
片状珠光体

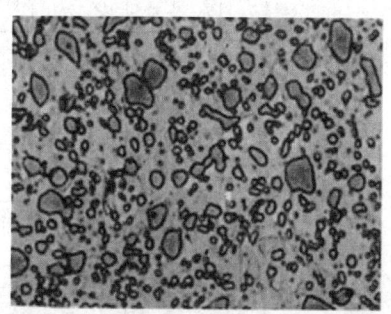
球状珠光体

图3-4 珠光体的显微组织图

(五) 莱氏体

莱氏体是液态铁碳合金发生共晶转变形成的奥氏体与渗碳体的共晶体，因其存在温度高，也称高温莱氏体，用符号"Ld"表示。温度低于727 ℃时，莱氏体中的奥氏体转变成珠光体，此时的莱氏体由珠光体和渗碳体组成，称为低温莱氏体，用符号"Ld'"表示。

莱氏体的 $w_C = 4.3\%$。莱氏体的基体是硬而脆的渗碳体，力学性能与渗碳体相似，所以硬度高，塑性极差。莱氏体是白口铁的主要组织。

低温莱氏体的显微组织如图 3-5 所示。

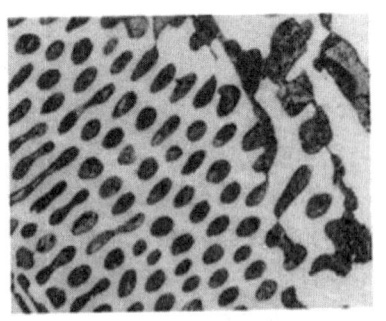

图 3-5 莱氏体的显微组织

第二节 铁碳合金相图

合金平衡相图是指在平衡（极其缓慢的加热或冷却）条件下，反映合金的成分、温度、组织之间关系的图形。各种合金都有对应的相图。铁碳合金相图是对应铁碳合金的相图。利用热分析法可以绘出合金相图。

一、认识铁碳合金相图

因为含碳量大于 6.69% 的铁碳合金硬度高、脆性大，加工困难，生产中无实用价值，而且 Fe_3C 又是稳定的化合物，可以作为独立的组元，因此我们研究的铁碳合金相图实际上是 $Fe-Fe_3C$ 相图。此外，相图的左上角部分的实用价值也不大，我们也做了简化。我们需要学习的是 $Fe-Fe_3C$ 简化相图，如图 3-6 所示，相图的横坐标为铁碳合金的成分（碳的质量分数），纵坐标为温度。

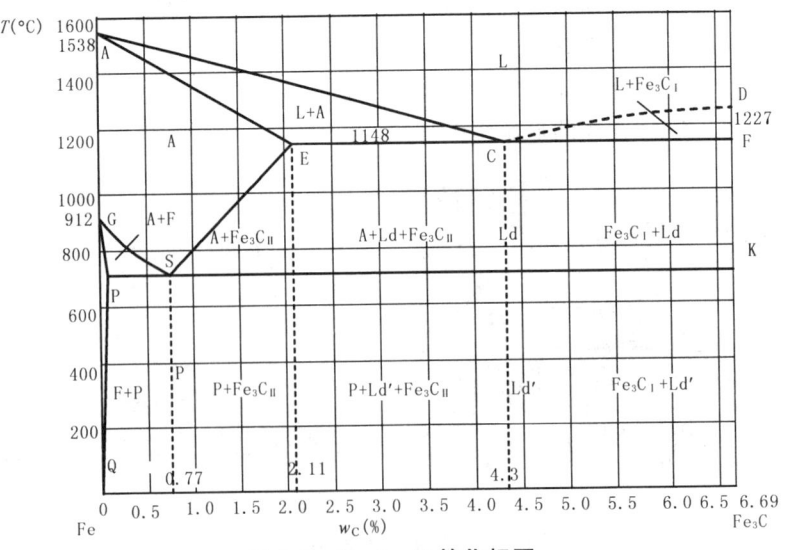

图 3-6 $Fe-Fe_3C$ 简化相图

(一) Fe–Fe₃C 相图的特性点

相图中用字母标出的点都有一定的特性含义，称为特性点。

相图中各特性点对应的温度、成分及特性点的含义见表 3-1。

表 3-1　Fe-Fe₃C 相图的特性点

特性点	温度 T/°C	w_C/%	含　　义
A	1538	0	表示纯铁的熔点为 1 538 °C
C	1148	4.3	共晶点，表示液态铁碳合金在此点发生共晶转变 Lc↔Ld
D	1227	6.69	表示渗碳体的熔点为 1 227 °C
E	1148	2.11	表示碳在 γ-Fe 中的溶解度在此点达到最大值 2.11%
G	912	0	表示纯铁在此点发生同素异晶转变点，α-Fe↔γ-Fe
P	727	0.0218	表示碳在 α-Fe 中的溶解度在此点达到最大值 0.0218%
S	727	0.77	共析点，表示奥氏体在此点发生共析转变 As↔P

(二) Fe–Fe₃C 相图的特性线

相图中各特性线的含义见表 3-2。

表 3-2　Fe-Fe₃C 相图的特性线

特性线	含　　义
ACD	液相线，表示此线以上的铁碳合金均呈液体状态，称为液相，用符号 L 表示；缓冷至 AC 线，液态铁碳合金开始结晶出奥氏体；缓冷至 CD 线，液态铁碳合金开始结晶出一次渗碳体
AECF	固相线，表示此线以下的铁碳合金均呈固体状态
ECF	共晶线，表示铁碳合金在此线发生共晶转变，Lc↔Ld（A_E + Fe₃C）
PSK	共析线，表示铁碳合金在此线发生共析转变，As↔P（F + Fe₃C） 此线用于热处理工艺时，称为 A_1 线
ES	碳在 γ-Fe 中的溶解度曲线；缓冷至 ES 线，奥氏体开始析出二次渗碳体，缓慢加热至 ES 线时，所有渗碳体全部溶入奥氏体 此线用于热处理工艺时，称为 A_{cm} 线
GS	奥氏体中与铁素体相互转变线。冷却至此线，表示奥氏体转变为铁素体的过程开始；加热至此线时，表示铁素体转变为奥氏体的过程结束 此线用于热处理工艺时，称为 A_3 线
PQ	碳在 α-Fe 中的溶解度曲线

(三) Fe–Fe₃C 相图的主要相区

相图中的相区见表 3-3。

表 3-3　Fe-Fe$_3$C 相图的主要相区

相区范围	组成相（符号）	相区种类
ACD	L	单相区
AESGA	A	单相区
GPQ	F	单相区
AECA	L + A	双相区
DFCD	L + Fe$_3$C$_I$	双相区
GSPG	A + F	双相区

二、典型铁碳合金的结晶过程

根据含碳量的不同，铁碳合金可分为工业纯铁、钢和白口铸铁三类，见表 3-4。

表 3-4　铁碳合金的分类、成分及平衡组织

铁碳合金类别		w_C	室温平衡组织
工业纯铁		0～0.0218%	F
钢	亚共析钢	0.0218%～0.77%	F + P
	共析钢	0.77%	P
	过共析钢	0.77%～2.11%	P + Fe$_3$C$_{II}$
白口铸铁	亚共晶白口铸铁	2.11%～4.3%	P + Fe$_3$C$_{II}$ + Ld'
	共晶白口铸铁	4.3%	Ld'
	过共晶白口铸铁	4.3%～6.69%	Ld' + Fe$_3$C$_I$

(一) 共析钢的结晶过程

如图 3-7 所示，共析钢在冷却过程中，成分线与相图中的 AC、AE 和 PSK 线分别交于 1、2、3 点。该合金在 1 点以上为液相（用符号"L"表示）；缓冷至 1 点时，开始从液相中结晶出奥氏体；缓冷至 2 点时，结晶结束，液相全部转变为奥氏体；当温度缓冷至 3 点时，奥氏体发生共析转变，形成铁素体与渗碳体的共析体——珠光体组织（由一定成分的固相，在一定温度下同时析出紧密相邻的两种或多种不同固相的转变，称为共析转变；发生共析转变的温度称为共析温度）。当温度继续下降时，铁素体成分沿 PQ 线变化，铁素体中析出微量的三次渗碳体。三次渗碳体数量很少，与共析渗碳体混在一起，在显微镜下难以分辨，可以忽略不计。因此，共析钢的室温平衡组织为珠光体。

珠光体的室温平衡组织如图 3-8 所示，珠光体为层片复相物，铁素体层与渗碳体层交替重叠。

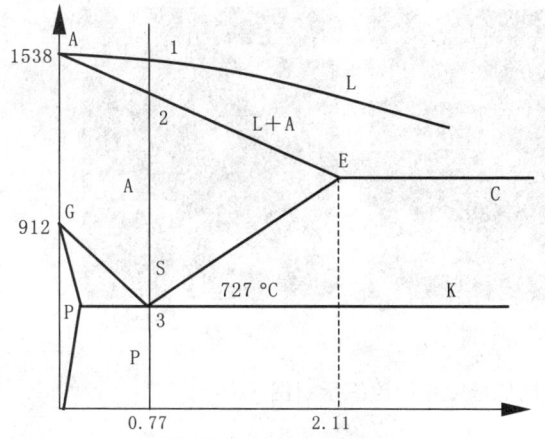
图 3-7 共析钢的平衡结晶示意图

图 3-8 共析钢的室温平衡组织示意图

(二) 亚共析钢的结晶过程

如图 3-9 所示，亚共析钢在冷却过程中，成分线与相图中的 AC、AE、GS 和 PSK 线分别交于 1、2、3、4 点。该合金在 3 点以上的结晶过程与共析钢的结晶过程相似。当其缓冷至 3 点时，发生纯铁的同素异晶转变，奥氏体开始向铁素体转变；在 3 点和 4 点之间，随着温度的降低，转变产物铁素体不断增多，奥氏体逐渐减少，奥氏体的碳的质量分数逐渐减少（沿 GP 线变化）；当温度降至 4 点时，奥氏体向铁素体的转变过程结束，合金的组织为奥氏体和铁素体，此时未转变的奥氏体的碳的质量分数达到共析成分（$w_C = 0.77\%$），发生共析转变，生成珠光体，合金组织为珠光体和铁素体。4 点以下，铁素体析出少量三次渗碳体 Fe_3C_{III}，可以忽略不计。因此亚共析钢的室温平衡组织为珠光体和铁素体。

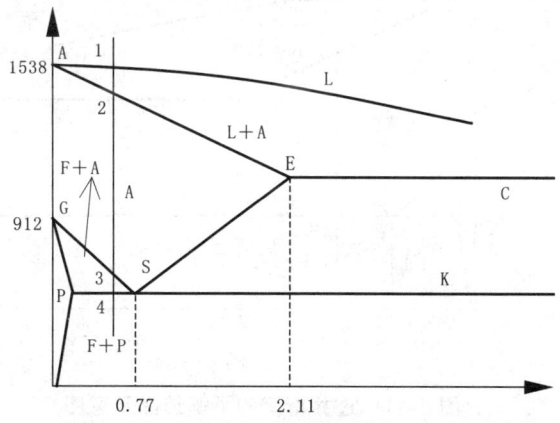
图 3-9 亚共析钢的平衡结晶示意图

三种亚共析钢的室温平衡组织如图 3-10 所示，图中白亮色部分为铁素体晶粒，黑色或片层状晶粒为珠光体晶粒。从图中可以看出，亚共析钢的含碳量的越高，组织中的珠光体相对量越多，铁素体相对量越少。

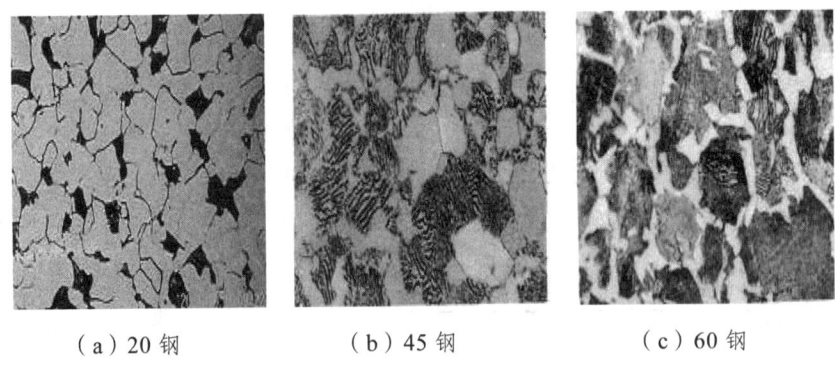

（a）20钢　　　　　　（b）45钢　　　　　　（c）60钢

图3-10　亚共析钢的显微平衡组织示意图

（三）过共析钢的结晶过程

如图3-11所示，过共析钢在冷却过程中，成分线与AC、AE、ES和PSK线分别交于1、2、3、4点。该合金在3点以上的结晶过程与共析钢的结晶过程相似。当其缓冷至3点时，从奥氏体开始析出二次渗碳体。在3点和4点之间，随温度的降低，析出的二次渗碳体逐渐增多，奥氏体的碳的质量分数逐渐降低（沿ES线变化）。当温度降至4点时，奥氏体析出二次渗碳体的过程结束，合金的组织为奥氏体和二次渗碳体；此时奥氏体达到共析温度，碳的质量分数达到共析成分（$w_C = 0.77\%$），发生共析转变，生成珠光体，合金组织转变为珠光体和二次渗碳体。4点以下，珠光体中的铁素体析出微量三次渗碳体，可以忽略不计。因此，过共析钢室温平衡组织为珠光体和二次渗碳体。

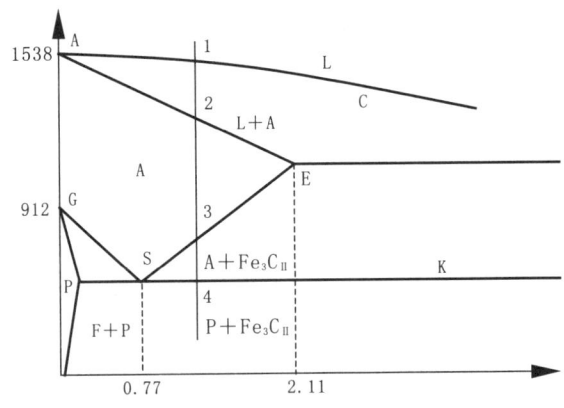

图3-11　过共析钢的平衡结晶示意图

过共析钢的室温平衡组织如图3-12所示，片状或黑色晶粒为珠光体晶粒，白色网状组织为二次渗碳体。二次渗碳体沿珠光体晶粒的晶界分布，也称为网状渗碳体。网状渗碳体会降低钢的抗拉强度。过共析钢的含碳量越高，二次渗碳体的相对量越多。

图 3-12 过共析钢的室温平衡组织示意图

(四) 共晶白口铸铁的结晶过程及组织

共晶白口铸铁的含碳量为 4.3%。如图 3-13 所示,该合金在冷却过程中,成分线分别与 ECF、PSK 线交于 1、2 点。合金从液态冷却到 1 点时,发生共晶反应,液态合金全部转变为莱氏体,因为莱氏体存在于较高温度,又称高温莱氏体(Ld)。高温莱氏体是奥氏体和渗碳体的共晶体,其中的奥氏体和渗碳体又称共晶奥氏体和共晶渗碳体的机械混合物。随着温度降低,共晶奥氏体的成分沿 ES 线变化,同时析出二次渗碳体,由于二次渗碳体与共晶奥氏体结合在一起而不易分辨,因而此时的组织仍是莱氏体。温度降到 2 点,共晶奥氏体发生共析转变,生成珠光体,此时合金的组织是珠光体与共晶渗碳体组成的混合物,称为低温莱氏体(Ld′)。温度继续下降,低温莱氏体中的铁素体析出微量三次渗碳体,可以忽略不计。因此,共晶白口铸铁的室温平衡组织为低温莱氏体。

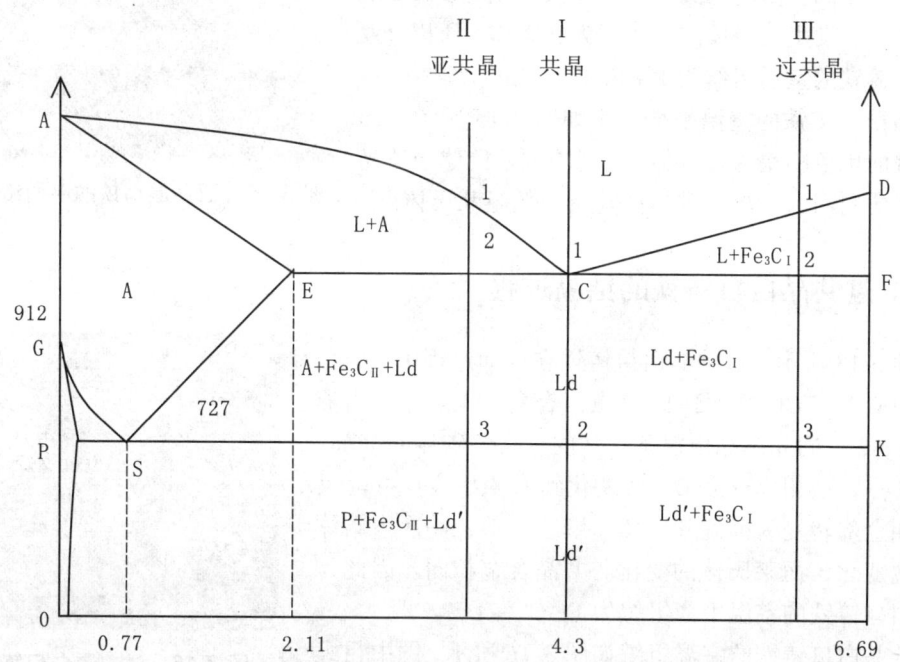

图 3-13 白口铸铁的平衡结晶示意图

共晶白口铸铁的显微组织如图 3-14 所示，图中黑色蜂窝状为珠光体，白色基体为共晶渗碳体。

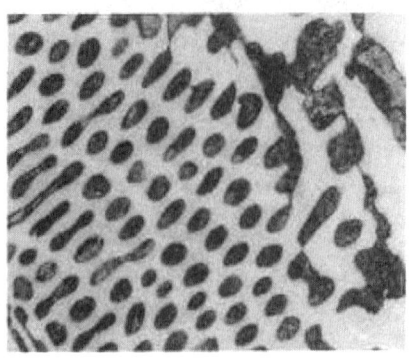

图 3-14　共晶白口铸铁

(五) 亚共晶白口铸铁的结晶过程

如图 3-13 所示，在亚共晶白口铸铁的冷却过程中，成分线分别于 AC、ECF、PSK 相交于 1、2、3 点。当液态合金冷却到 1 点时，液态合金中先结晶出奥氏体，称为一次奥氏体或先共晶奥氏体。在 1~2 点之间，结晶出的奥氏体相对量不断增多并呈树枝状长大。冷却到 2 点以后，剩余液相的成分沿 BC 线变化到 C 点，并发生共晶转变，转变为莱氏体。继续降温，先晶奥氏体和共晶奥氏体中析出二次渗碳体。由于先共晶奥氏体粗大，沿其周边析出的二次渗碳体被共晶奥氏体衬托出来，而共晶奥氏体析出二次渗碳体的过程与共晶白口铸铁相同。温度降到 3 点，奥氏体成分沿 GS 线变到 S 点，并发生共析反应，转变为珠光体。所以，亚共晶白口铸铁的室温组织为 $P + Fe_3C_{\mathrm{II}} + Ld'$。

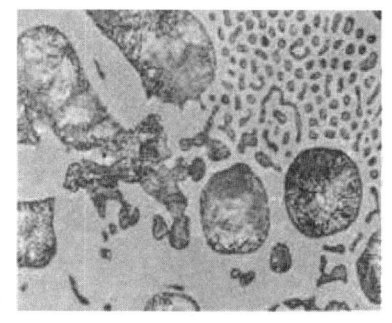

图 3-15　亚共晶铸铁的平衡结晶组织

共晶白口铸铁的室温平衡组织如图 3-15 所示，图中树枝状的黑色粗块为珠光体，其周围被莱氏体中珠光体衬托出的白圈为二次渗碳体，其余为低温莱氏体。

(六) 过共晶白口铸铁的结晶过程

如图 3-13 所示，过共晶白口铸铁在冷却过程中，成分线分别与 CD、ECF 相交于 1、2 点。合金在 1 点以上为液相，在 1、2 点间先结晶出粗条片状的一次渗碳体 Fe_3C_{I}。冷却到 2 点，液相成分沿 DC 线变化到 C 点，发生共晶反应，液相全部转变为高温莱氏体。继续冷却，一次渗碳体不再发生变化，而莱氏体的变化与共晶合金相同。因此，过共晶白口铸铁的室温平衡组织为 $Fe_3C_{\mathrm{I}} + Ld'$。

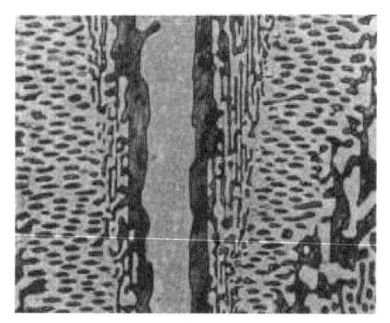

图 3-16　过共晶白口铸铁的平衡结晶组织

过共晶白口铸铁的室温组织如图 3-16 所示，图中粗大的白色条片为一次渗碳体，其余为低温莱氏体。

三、铁碳合金成分、组织、性能之间的关系

在一定条件下，合金的成分决定合金的组织，而组织又决定了合金的性能优劣——这是合金的普遍规律。充分认识铁碳合金的成分、室温和性能之间的变化规律，是正确使用钢铁材料的基础，对正确使用钢铁材料具有重要意义。

(一) 碳的质量分数对铁碳合金组织的影响

1. 对基本相的影响

铁碳合金的室温平衡组织中，基本相只有铁素体和渗碳体。由典型铁碳合金的结晶过程分析可知：随着碳的质量分数的增加，铁碳合金室温组织中的铁素体的相对量逐渐减少，而渗碳体的相对量逐渐增多。

2. 对组织的影响

由典型铁碳合金的结晶过程分析可知，随着碳的质量分数的增加，铁碳合金的组织的变化规律如下：

$$F + P \rightarrow P \rightarrow P + Fe_3C_{II} \rightarrow P + Fe_3C_{II} + Ld' \rightarrow Ld' \rightarrow Ld' + Fe_3C_I$$

对亚共析钢而言，随着碳的质量分数的增加，钢中的铁素体相对量逐渐减少，珠光体相对量逐渐增多；对过共析钢而言，随着碳的质量分数的增加，钢中的二次渗碳体相对量逐渐增多，珠光体相对量逐渐减少；对亚共晶白口铸铁铸铁而言，随着碳的质量分数的增加，珠光体和二次渗碳体相对量减少；对过共晶白口铸铁而言，随着碳的质量分数的增多，一次渗碳体相对量增多。

(二) 碳的质量分数对合金性能的影响

碳的质量分数与铁碳合金性能的关系如图 3-17 所示，随着碳的质量分数的增加，硬度呈线性关系升高，塑性、韧性呈非线性关系降低。当 $w_C < 0.9\%$ 时，铁碳合金的强度随着碳的质量分数的增加而增高；当 $w_C > 0.9\%$ 时，铁碳合金的强度随着碳的质量分数的增加而降低。

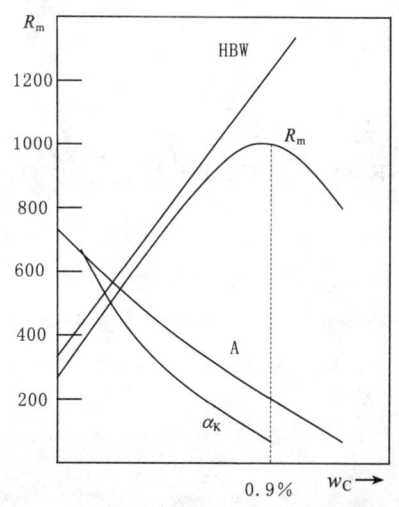

图 3-17 碳的质量分数对性能的影响

四、Fe–Fe$_3$C 相图的应用

(一) 在选材方面的应用

铁碳合金的成分、组织、性能的关系，为合理选用钢铁材料提供了依据。铁碳合金相图在选材方面的作用主要体现在其对选用钢铁材料的指导性意义。例如，要求塑性、韧性好的各种型材和建筑用钢，通常选用碳的质量分数低的钢；要求强韧性好的零件，通常选用 w_C = 0.25%~0.55% 的钢；要求高强度、高硬度和高耐磨的工具，通常选用 w_C > 0.7% 的钢。

(二) 在热加工工艺方面的应用

Fe-Fe$_3$C 相图在铸造、锻造、焊接、热处理等热加工工艺中用于加工工艺的制定，其中主要用于确定热加工工艺中的温度参数，例如，用 Fe-Fe$_3$C 相图确定铸造工艺的熔炼温度和浇注温度、锻造工艺的始锻温度和终锻温度、钢材的轧制温度、热处理工艺的加热温度等。

复习思考题

3-1 填空题

1. 碳溶解在_____中形成的间隙固溶体称为铁素体，用符号_____表示。
2. 碳溶解在_____中形成的间隙固溶体称为奥氏体，用符号_____表示。
3. 珠光体是奥氏体发生共析转变形成的_____与_____共析体，用符号_____表示。
4. 亚共析钢、共析钢和过共析钢的室温平衡组织分别是_____、_____、_____。

3-2 选择题

1. 属于金属化合物相的是（   ）。
   A．A   B．F   C．P   D．Fe$_3$C
2. 共析钢的室温平衡组织是（   ）。
   A．P   B．P+F   C．P+A   D．P+Fe$_3$C

3-3 问答题

1. 写出亚共析钢、共析钢和过共析钢的含碳量范围。
2. 当 w_C > 0.9% 时，铁碳合金的强度随着碳的质量分数的增加而降低，为什么？
3. 简述铁碳合金的成分、组织、性能之间的关系。
4. 简述铁碳合金相图的作用。

第四章 钢的热处理

【本章导学】

热处理是改变材料性能的方法,它的作用是改善材料的工艺性能和提高零件的使用性能,以满足零件的加工要求和使用性能要求。钢铁材料、部分非铁金属都可以热处理,其中以钢的热处理工艺应用最为广泛。本章主要学习钢的热处理工艺,包括钢的热处理原理、整体热处理工艺、表面热处理工艺和化学热处理工艺等。

本章的基本要求:掌握热处理概念;认知珠光体、索氏体、托氏体、贝氏体、马氏体组织;了解热处理的组织转变规律;掌握常用热处理工艺的工艺特点、工艺目的和工艺应用。

第一节 概 述

钢的热处理是将钢放在一定的介质内加热、保温和冷却,通过改变其表面或内部金相组织结构来控制其性能的一种热加工工艺。

热处理的工艺过程一般由加热、保温和冷却三个基本过程组成。在零件的热处理工艺技术文件中,通常用热处理工艺曲线来表示零件的热处理工艺要求。热处理工艺曲线是用来表示热处理工艺过程和工艺参数的图形,图 4-1 所示是最简单的热处理工艺曲线。

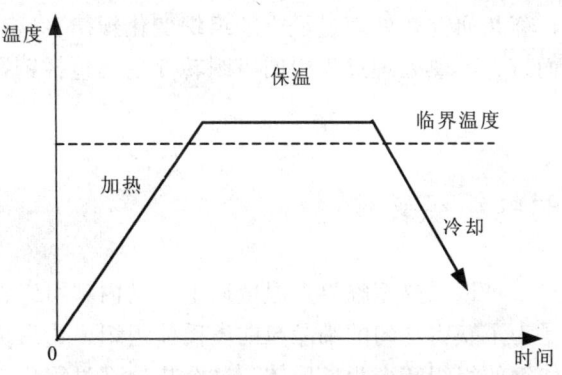

图 4-1 热处理工艺曲线示意图

加热温度是热处理工艺的重要工艺参数,其选择依据是 Fe-Fe$_3$C 相图。由于热处理的加热和冷却条件大多是非平衡条件,冷却(或加热)时的组织转变是在一定的过冷度(或过热度)条件下完成的,因此,在热处理工艺中,加热(或冷却)的临界点分别用 Ac$_1$、Ac$_3$、Ac$_{cm}$(Ar$_1$、Ar$_3$、Ar$_{cm}$)表示,如图 4-2 所示。

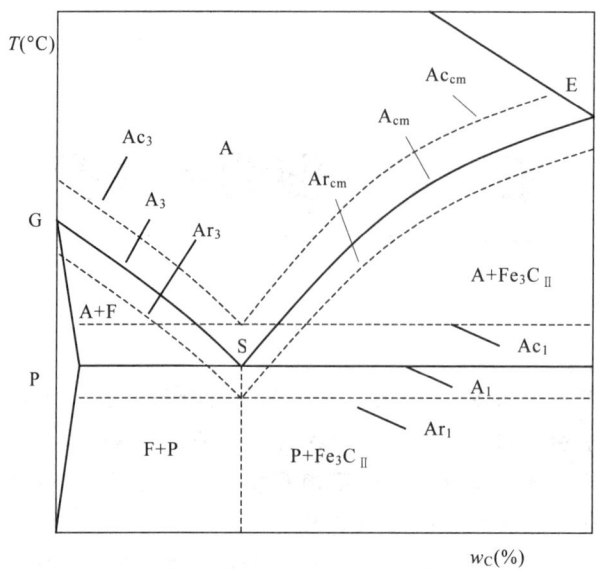

图 4-2 钢在加热和冷却时的临界温度

热处理分为整体热处理、表面热处理和化学热处理三大类。

热处理是提高零件使用性能和改善材料工艺性能的基本途径之一，是挖掘材料潜力、保证产品质量、延迟寿命的有力措施，在机械制造中被广泛应用，在机械制造中占有十分重要的地位。

第二节 热处理原理

热处理之所以能够改变材料的性能，是因为热处理过程中材料的内部组织结构发生了改变。研究热处理的原理，就是研究热处理过程中的组织变化规律，这对正确制定热处理工艺具有重要意义。对于钢而言，其热处理过程中的组织转变主要包括钢在加热时的组织转变和钢在冷却时的组织转变。

一、钢在加热时的组织转变

由铁碳合金相图可知：将钢加热至临界点温度以上，其内部组织将转变为奥氏体。钢热处理时，加热的目的就是为了获得均匀的细晶粒的奥氏体组织，为后续的组织转变做准备。将钢加热至临界点以上使钢的组织转变为奥氏体，这个热处理过程称为钢的奥氏体化。

(一) 钢的奥氏体化

我们以共析钢为例，分析钢的奥氏体化。

将共析钢加热至 Ac_1 以上温度，共析钢将完成奥氏体化（P→A）。其过程分为四个阶段：

形成奥氏体晶核、奥氏体晶核长大、残余渗碳体的溶解和奥氏体成分的均匀化。共析钢的奥氏体化过程如图 4-3 所示。

（a）A 形核　　　（b）A 长大　　　（c）残余 Fe_3C 溶解　　（d）A 均匀化

图 4-3　共析碳钢奥氏体化示意图

1. 奥氏体晶核的形成

珠光体向奥氏体转变的第一步是形成奥氏体晶核。因为铁素体和渗碳体两相交界处碳浓度差大，而且界面处原子排列不规则，所以在铁素体和渗碳体的界面处优先形成奥氏体晶核。

2. 奥氏体晶核的长大

奥氏体晶核形成后，随着晶格的改组和原子的扩散，奥氏体晶核不断长大。

3. 残余渗碳体的溶解

在晶格结构和含碳量方面，渗碳体与奥氏体的差别远大于铁素体与奥氏体的差别，所以渗碳体向奥氏体的转变慢于铁素体，前两个过程结束后还有一部分渗碳体未溶解。随着保温时间的延长，这部分残余的渗碳体将溶于奥氏体，直至消失。

4. 奥氏体成分的均匀化

残余渗碳体全部溶解后，奥氏体晶粒中的碳浓度是不均匀的。原来的渗碳体处含碳较高，原来的铁素体处含碳较低。随着保温时间的延长，奥氏体的成分逐渐趋于均匀化。

亚共析钢和过共析钢的奥氏体化过程与共析钢的奥氏体化过程基本相同，在此不再详述。

（二）奥氏体的晶粒大小及其控制

钢奥氏体化后，其内部组织转变为奥氏体。奥氏体晶粒的大小，直接影响到热处理最终组织的晶粒大小，而热处理最终组织的晶粒大小又直接影响热处理质量。因此，在热处理的加热和保温过程中，必须采取必要措施来控制奥氏体晶粒大小。

1. 奥氏体的晶粒度

奥氏体的晶粒大小称为奥氏体的晶粒度。

奥氏体化刚完成时的奥氏体晶粒度称为奥氏体的起始晶粒度，其晶粒很细小。随着加热温度的升高和保温时间的延长，奥氏体晶粒会逐渐长大。不同成分的钢，其晶粒长大的倾向不同。晶粒长大的倾向，用本质晶粒度表示。按照冶金部的标准，把钢加热到 930 ℃ ± 10 ℃，保温 8 h, 冷却后测得的晶粒度为钢的本质晶粒度。本质晶粒度大, 表示随着加热温度的升高和保温时间的延长, 晶粒容易长大。

随着加热温度的升高, 有些钢的奥氏体晶粒会迅速长大, 称这类钢为本质粗晶粒钢; 随着加热温度的升高, 有些钢的奥氏体晶粒不易长大, 只有当温度超过一定值时才会突然长大, 称这类钢为本质细晶粒钢。生产中, 需要热处理的零件, 一般用本质细晶粒钢制造。

在具体给定的加热条件下所获得的奥氏体晶粒度称为实际晶粒度, 它直接影响热处理的组织和性能。

2. 奥氏体的晶粒大小的控制

热处理加热时, 影响奥氏体晶粒大小的因素包括加热温度、加热速度、保温时间、钢的成分、钢的原始组织等。加热温度越高、加热速度越慢、保温越长, 获得的奥氏体晶粒越粗大。奥氏体中碳的质量分数增加, 不利于获得细小奥氏体晶粒; 钢中的合金元素(除 Mn、P 外)一般有利于获得细小的奥氏体晶粒; 钢的原始组织中晶粒越细小, 越利于获得细小的奥氏体晶粒。由此可以看出: 在零件材料已确定的条件下, 合理选择加热温度、加热速度和保温时间, 是控制奥氏体晶粒度的主要工艺措施。

二、钢在冷却时的组织转变

处于临界点 A_1 以下的奥氏体称为过冷奥氏体, 它是不稳定相, 经过孕育期后将转变为其他组织。钢在冷却时的组织转变过程就是过冷奥氏体转变为其他组织的过程, 这一过程称为过冷奥氏体转变。

热处理工艺中, 常用的冷却方式有两种——等温冷却和连续冷却。等温冷却是将钢奥氏体化后, 冷却至 Ar_1 或 Ar_3 以下, 经保温后再冷却至室温; 连续冷却是将钢奥氏体化后, 以不同的冷却速度冷却到室温。据冷却方式不同, 过冷奥氏体转变分为等温转变和连续冷却转变两种。

(一) 过冷奥氏体的等温转变

1. 等温转变曲线

综合反映过冷奥氏体在不同过冷度下等温温度、保持时间与转变产物所占的百分数的关系曲线称为等温转变曲线。

共析钢的等温转变曲线如图 4-4 所示, 由于其形状像个 "C" 字, 所以又称为 C 曲线, 国际上称为 "TTT" 曲线。

共析钢的等温转变曲线分析: 如图 4-4 所示, 左边的一支曲线为转变开始线, 右边一支曲线为转变终了线。转变开始线和转变终了线之间的区域为转变区(过冷奥氏体与转变产物的共存区), 转变终了线右方区域为产物区。A_1 线为奥氏体的临界点, 高于临界点 A_1 的区域为正常奥氏体区; 纵坐标与转变开始线之间的区域为过冷奥氏体区(也称为孕育区), 该区不同温度对应的横坐标的长度表示孕育期的长短，C 曲线"鼻尖"处（约 550 ℃）孕育期最短，过冷奥氏体稳定性最差。

C 曲线下方的有两条水平线，M_s 为马氏体转变开始线，M_f 为马氏体转变终止线。M_f 线在 0 ℃ 以下。必须说明的是，马氏体转变不属于过冷奥氏体的等温转变。

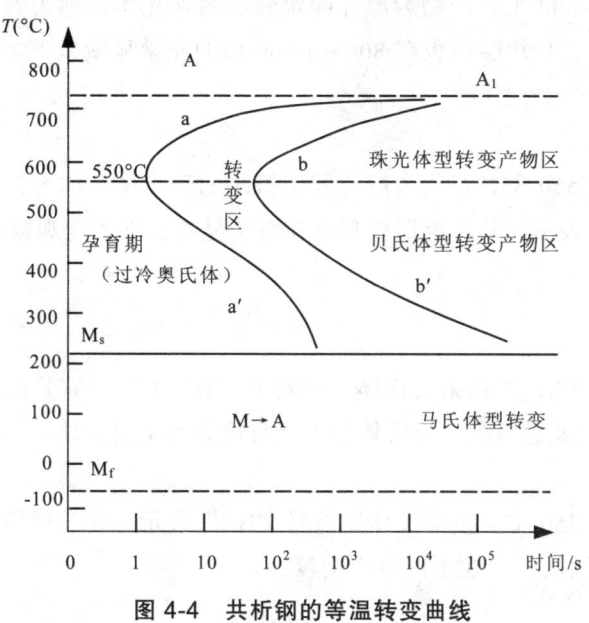

图 4-4 共析钢的等温转变曲线

2. 过冷奥氏体等温转变产物及其性能

由共析钢的 C 曲线可知，等温冷却时，过冷奥氏体会发生珠光体型转变和贝氏体型转变。

（1）珠光体型转变

转变温度为 $A_1 \sim 550$ ℃，转变产物为层片状珠光体型组织。按片层间距的大小，珠光体型产物分为珠光体、索氏体和托氏体，如图 4-5 所示。

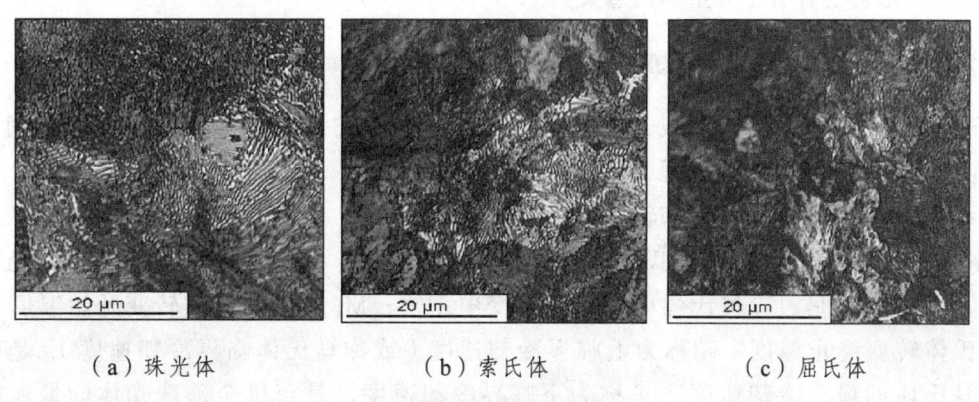

（a）珠光体　　　　　　（b）索氏体　　　　　　（c）屈氏体

图 4-5 珠光体型组织

① 珠光体

转变温度为 $A_1 \sim 650\ ℃$，产物为片层间距较大的珠光体，称为粗片珠光体，用符号"P"表示，其片层形貌在 500 倍光学显微镜下就能分辨出来，其硬度为 160~250 HBW。

② 索氏体

转变温度为 650~600 ℃，产物为层片间距较小的珠光体，称为索氏体，又称细片珠光体，用符号"S"表示，其片层形貌在 800~1 000 倍的光学显微镜下才能分辨出来，其硬度为 20~30 HRC。

③ 托氏体

转变温度为 600~550 ℃，产物为层片间距极小的珠光体，称为托氏体，又称为极细片珠光体，用符号"T"表示，其片层形貌只有在电子显微镜下才能观察清楚，其硬度为 35~48 HRC。

（2）贝氏体型转变

转变温度为 $550 \sim M_s$，产物是贝氏体，用符号"B"表示，它是由铁素体及其内部分布的弥散的碳化物组成的亚稳组织。贝氏体分为上贝氏体和下贝氏体。

① 上贝氏体

转变温度为 550~350 ℃。上贝氏体用符号"$B_上$"表示，在显微镜下呈羽毛状，硬度为 42~48 HRC，由于韧性较差，在生产中应用较少。

② 下贝氏体

转变温度为 350 ℃ $\sim M_s$。下贝氏体用符号"$B_下$"表示，在光学显微镜下呈针状或竹叶状并互成一定角度，硬度为 48~58 HRC。下贝氏体强度、硬度高，韧性好，具有良好的综合力学性能，因此生产中常用等温淬火工艺获得下贝氏体。

（二）过冷奥氏体连续冷却转变

在实际生产中，过冷奥氏体转变大多是在连续冷却条件下完成的。因此，研究过冷奥氏体的连续冷却转变具有十分重要的意义。

1. 过冷奥氏体的连续冷却曲线

过冷奥氏体的连续冷却曲线，简称"CCT"曲线"，它反映了在连续冷却条件下过冷奥氏体转变的规律，是制订热处理工艺的重要参考资料。

共析钢过冷奥氏体连续冷却转变曲线如图 4-6 所示。

图 4-6 中，P_s 线是过冷奥氏体向珠光体转变开始线，P_f 线是过冷奥氏体向珠光体转变终了线，K 线是过冷奥氏体向珠光体转变中止线；M_s 线是马氏体转变开始温度，M_f 是马氏体转变终止温度。v_k 称为上临界冷却速度（或称马氏体临界冷却速度），是获得全部马氏体的最小冷却速度。v'_k 称为下临界冷却速度，是获得全部珠光体的最大冷却速度。

共析钢的"CCT"曲线"表明:共析碳钢的连续冷却转变只发生珠光体转变和马氏体转变,不发生贝氏体转变。

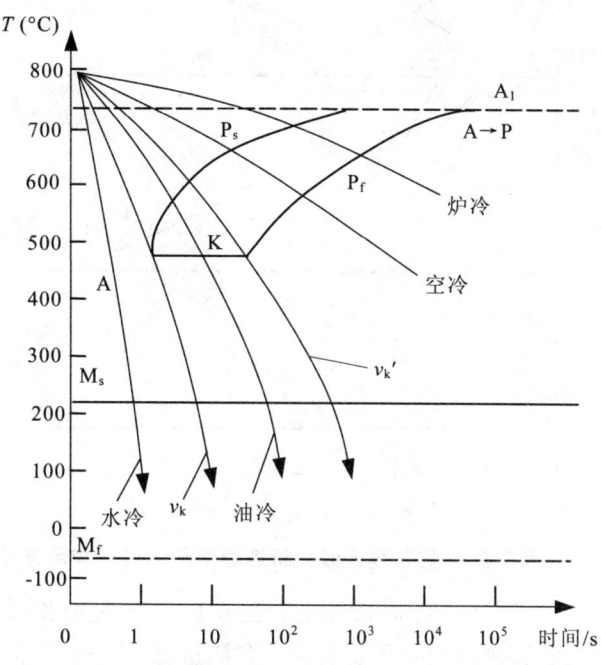

图 4-6 共析钢过冷奥氏体连续冷却转变曲线

2. 等温转变曲线在连续冷却中的应用

由于连续冷却转变曲线的测定比较困难,至今还有许多钢的连续冷却转变曲线未被测出,所以目前常用钢的等温转变曲线来定性地、近似地分析钢的连续冷却转变。其方法是:将连续冷却速度线画在等温转变曲线上,根据连续冷却速度线与等温转变曲线相交的位置,估计出连续冷却转变的产物。例如,用共析钢的 C 曲线估计共析钢连续转变的产物,如图 4-7 所示,v_1 相当于随炉冷却(退火)时的情况,可以估计其转变产物为珠光体;v_2 相当于空冷(正火),可以估计其转变产物为索氏体;v_3 相当于油冷,它与 C 曲线的开始相变线相交于鼻部附近,未与转变终止线相交,并通过 M_s 线,这表明一部分过冷奥氏体转变为托氏体,剩余的过冷奥氏体冷却到 M_s 线以下转变为马氏体,最后得到托氏体、马氏体、残余奥氏体的复相组织;v_4 相当于水冷(淬火),它不与 C 曲线相交,直接通过 M_s 线,过冷奥氏体转变为马氏体,得到马氏体和残余奥氏体的复相组织。临界冷却速度(v_k)是获得马氏体的最小冷却速度。

3. 马氏体转变

过冷奥氏体快速冷却,过冷奥氏体在 $M_s \sim M_f$ 温度区间转变为马氏体,此过程称为马氏体转变。只有在快速连续冷却和大的过冷度条件下,才能实现马氏体转变。马氏体转变是钢淬火工艺的主要组织转变过程。

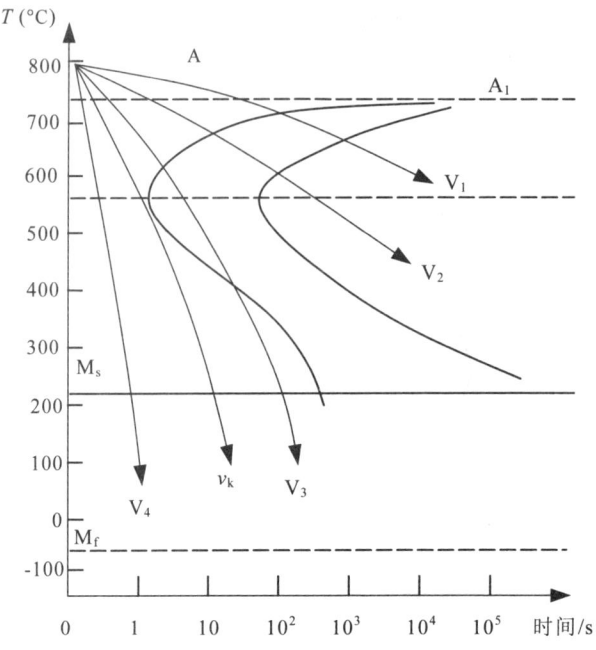

图 4-7 用等温转变曲线近似分析连续冷却转变产物示意图

马氏体转变的产物主要是马氏体。马氏体是碳在 α-Fe 中的过饱和固溶体,具有体心立方晶格,它硬度高、脆性大,其硬度与含碳量有关,含碳量越高,硬度越高。

马氏体有板条状和针叶状两种形态。过冷奥氏体的 $w_C < 0.25\%$ 时,形成板条状马氏体,又称低碳马氏体。过冷奥氏体的 $w_C > 1.0\%$ 时,形成针叶状马氏体,又称高碳马氏体。若 w_C 介于 0.6%~1.0% 之间,则形成板条和针叶状马氏体的复合组织。

板条状和针叶状马氏体的形态见图 4-8。

(a) 板条状马氏体

(b) 针叶状马氏体

图 4-8 低碳马氏体和高碳马氏体

马氏体转变具有以下特点:

a. 马氏体转变过程中会产生很大的应力。马氏体转变过程中不但有体积变化,而且有形状变化,由此产生大的应力。

b. 马氏体转变属于非扩散性转变。在大的过冷度条件下,马氏体转变速度极快,转变过程中没有原子的扩散过程,奥氏体中的碳全部被"冻结"在 α-Fe 中。

c. 马氏体转变属于不完全性转变。即使冷却到 M_f 以下,奥氏体也很难全部转变为马氏体，总有部分奥氏体被保留下来。这部分奥氏体称为残余奥氏体。

  d. 马氏体转变具有可逆性。

第三节　整体热处理

  整体热处理是对工件整体进行穿透加热的热处理工艺。常用的整体热处理方法有退火、正火、淬火和回火。

  一个零件的生产过程由多个工序组成。在零件的生产过程中，为了达到某些目的，会安排若干热处理工序。根据热处理在零件生产中的目的和工序位置的不同，热处理可以分为预先热处理和最终热处理。预先热处理用以消除前道工序造成的缺陷，为后续的切削加工和最终热处理做准备；最终热处理用于保证零件的使用性能要求。本节介绍的退火和正火是常用的预先热处理方法，而淬火和回火的复合工艺是典型的最终热处理方法。

一、退　火

  退火是将金属缓慢加热到一定温度，保温足够时间，以适宜速度缓慢冷却（通常是缓慢冷却，有时是控制冷却）的一种热处理工艺。

  退火的目的是：降低硬度，改善切削加工性；消除残余应力，稳定尺寸，减少变形和裂纹倾向；细化晶粒，调整组织，消除组织缺陷，为后续的热处理做组织准备。

  常用的退火方法有完全退火、不完全退火、等温退火、球化退火、去应力退火、均匀化退火等。

（一）完全退火

  将亚共析钢加热到 Ac_3 以上 20~30 ℃，保温足够时间奥氏体化后，随炉缓慢冷却，从而得到接近平衡的组织，这种退火工艺称为钢的完全退火。所谓"完全"是指退火时钢的内部组织全部进行了重结晶（此时组织完全奥氏体化），因此完全退火又称为重结晶退火。

  完全退火主要用于亚共析钢，一般是中碳钢及低中碳的合金钢的锻件、铸件、热轧型材，有时也用于它们的焊接结构，其目的是消除组织缺陷，细化晶粒，均匀组织，提高工件的塑性和韧性，调整硬度，改善工件的切削加工性能，并为工件的后续淬火做组织准备。

  完全退火不适用于过共析钢，因为过共析钢进行完全退火时需加热到 Ac_{cm} 以上，在缓慢冷却时，渗碳体会沿奥氏体晶界析出，呈网状分布，导致材料脆性增大，给最终热处理留下隐患。

（二）不完全退火

  将钢加热到 Ac_1 以上 40~60 ℃，保温一定时间（此时组织未达到完全奥氏体化），随之缓慢冷却，这种退火工艺称为钢的不完全退火。

不完全退火主要适用于中、高碳钢和低合金钢锻轧件，其主要目的是消除热加工过程中形成的内应力，降低硬度，提高塑性，改善切削加工性能，并为淬火做组织准备。

不完全退火可用于亚共析钢和过共析钢。对亚共析钢而言，一般只用于经正确加热、不需改善组织的亚共析钢，仅为降低硬度时才采用。对过共析钢而言，必须用正火消除网状渗碳体和组织缺陷后才能使用此方法。

(三) 等温退火

将钢加热到高于 Ac_3（或 Ac_1）温度，保持适当时间后，先以较快速度冷却到珠光体转变温度区间的某一温度并等温保持，使奥氏体转变为珠光体型组织，然后再在空气中冷却，这种退火工艺称为钢的等温退火。

等温退火的工艺目的与完全退火相同，但所用时间比完全退火缩短约 1/3，且能获得更加均匀的组织和性能，因此生产中常用等温退火代替完全退火或球化退火。但等温退火工艺操作和所需设备都比较复杂，所以等温退火主要用于过冷奥氏体在珠光体型转变区转变缓慢的合金钢。

(四) 球化退火

球化退火是使钢中碳化物球化而进行的退火工艺。最常用的两种球化退火工艺是普通球化退火和等温球化退火。普通球化退火是将钢加热到 Ac_1 以上 20~30 ℃，保温适当时间，然后随炉缓慢冷却至 500 ℃ 左右出炉空冷。等温球化退火是将钢加热到 Ac_1 以上 20~30 ℃，保温适当时间，先随炉冷却至略低于 Ar_1 的温度，接着进行等温（等温时间为其加热保温时间的 1.5 倍），然后再随炉（等温炉）冷却至 500 ℃ 左右出炉空冷。和普通球化退火相比，等温球化退火不仅可缩短生产周期，而且可使球化组织均匀，并能严格地控制退火后的硬度。

经球化退火得到的是球状珠光体组织，其中的渗碳体呈球状颗粒，弥散分布在铁素体基体上。与片状珠光体相比，球状珠光体不但硬度较低，便于切削加工，而且在淬火加热时晶粒不易长大，淬火变形和开裂倾向小。

球化退火主要适用于共析钢和过共析钢，如碳素工具钢、合金工具钢、轴承钢等，其工艺目的是降低硬度，提高塑性，改善切削加工性，并为以后淬火做准备。

若钢中有明显的网状碳化物，则球化退火前须先进行正火，将其消除，才能保证球化退火正常进行。

(五) 去应力退火

将钢缓慢加热至 Ac_1 以下 100~200 ℃，保温一段时间，随炉缓慢冷却至 550~600 ℃ 后出炉空冷，这种退火工艺称为去应力退火。去应力退火属于低温退火，退火过程中无组织转变。

去应力退火主要用于铸件、锻件、热轧型材、焊接结构、冷冲压件（或冷拔件）和切削加工工序，其工艺目的是消除残余内应力，稳定工件尺寸和形状，减少工件的变形和裂纹倾向。

(六) 均匀化退火

将钢加热到略低于固相线温度，长时间保温（10~15 h），然后随炉冷却，使钢的化学成分和组织均匀化，这种退火工艺称为均匀化退火。均匀化退火也称为扩散退火。

均匀化退火主要用于质量要求高的合金钢铸锭、铸件或锻坯，其工艺目的是消除成分偏析。

均匀化退火易使晶粒粗大。为细化晶粒，均匀化退火后应进行完全退火或正火。

二、正　火

正火是将钢件加热到 Ac_3 或 Ac_{cm} 以上 30~50 ℃，保温后在空气中冷却的热处理工艺，其目的是细化晶粒和碳化物分布均匀化。

正火的应用范围有：用于调整低碳钢的硬度，改善其切削加工性；可代替调质工艺作为中碳钢制造的轻载荷零件的最终热处理，也用于中碳钢感应加热表面淬火前的预先热处理；用于过共析钢球化退火前的预先热处理，消除网状二次渗碳体，以保证球化退火时渗碳体全部球状化。

正火与退火工艺相似，但冷却速度稍大，因而正火组织要比退火组织更细一些，其力学性能也较退火有所提高。另外，正火炉外冷却，不占用设备，生产率较高，因此生产中尽可能采用正火来代替退火。

退火和正火的加热温度范围及热处理工艺曲线如图4-9所示。

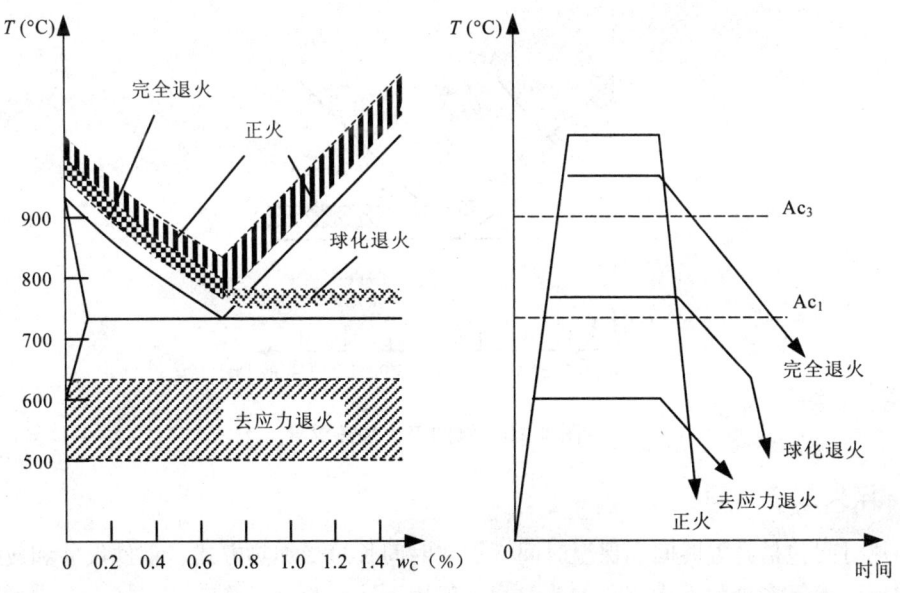

图 4-9　退火和正火的加热温度范围及热处理工艺曲线

三、淬 火

钢的淬火是将钢加热到 Ac_3（亚共析钢）或 Ac_1（过共析钢）以上某一温度，保温一段时间，使组织全部或部分奥氏体化，然后以大于临界冷却速度的冷速快冷到 M_s 以下（或在 M_s 附近等温冷却）进行马氏体（或贝氏体）转变的热处理工艺。其目的是使过冷奥氏体进行马氏体或贝氏体转变，得到马氏体或贝氏体组织，然后配合以不同温度的回火，以大幅提高钢的强度、硬度、耐磨性、疲劳强度等，从而满足各种机械零件和工具的不同使用性能要求。

(一) 淬火工艺

1. 淬火加热温度

亚共析钢的淬火加热温度一般为 Ac_3 以上 30~50 ℃。若淬火温度过高，则淬火后马氏体晶粒粗化，钢的力学性能变差，且淬火应力增大，易导致淬火变形和开裂；若温度过低，则淬火组织中出现铁素体，易导致淬火硬度不足缺陷。

共析钢和过共析钢的淬火加热温度为 Ac_1 以上 30~50 ℃。若加热温度过高，例如过共析钢淬火温度超过 Ac_{cm}，则碳化物将全部溶入奥氏体中，淬火后残余奥氏体量增多，导致淬火硬度不足缺陷，钢的硬度和耐磨性降低。此外淬火温度过高，淬火后得到有显微裂纹的粗片状马氏体，会导致钢的脆性增大。若淬火加热温度低于 Ac_1，则组织不发生相变，达不到淬火目的。

由以上分析可知，钢的淬火加热温度不宜过高或过低。碳钢的淬火加热温度范围如图 4-10 所示。

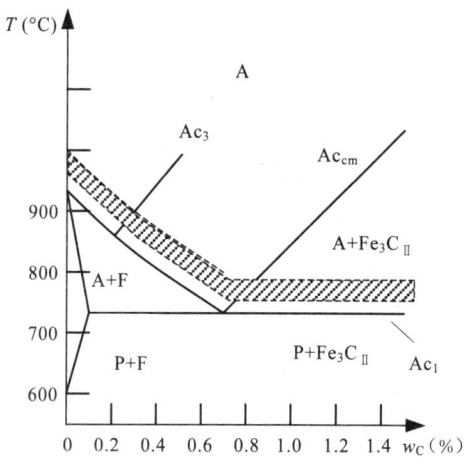

图 4-10 钢的淬火加热温度

2. 淬火加热时间

加热时间包括升温时间和保温时间。加热时间长短受加热方式、零件尺寸和成分、装炉量和加热设备等多种因素影响。加热时间一般用下述经验公式确定：

$$t = \alpha KD$$

式中　t——加热时间，min；
　　　α——加热系数，min/mm；
　　　K——装炉修正系数；
　　　D——工件有效厚度，mm。

α、K、D 的数值可查阅有关资料确定。

3. 淬火冷却介质

冷却是决定淬火质量的关键工序，合理选用淬火冷却介质是保证淬火质量的一项重要措施。

淬火冷却介质的淬火冷却速度必须大于或等于钢的临界冷却速度 v_k，否则不利于获得马氏体组织，但冷却速度过快，又会产生很大的淬火应力，容易导致工件的变形和开裂，所以淬火冷却速度既不能过大也不能过小。淬火的理想冷却速度如图 4-11 所示：650 ℃ 以上冷却速度可以慢些，以减少淬火应力，减少变形和开裂倾向；650～400 ℃ 范围内，冷却速度应大于或等于 v_k，确保过了奥氏体不转变成珠光体型组织；300～200 ℃ 范围内，冷却速度应慢些，以减少淬火应力，减少变形和开裂倾向。

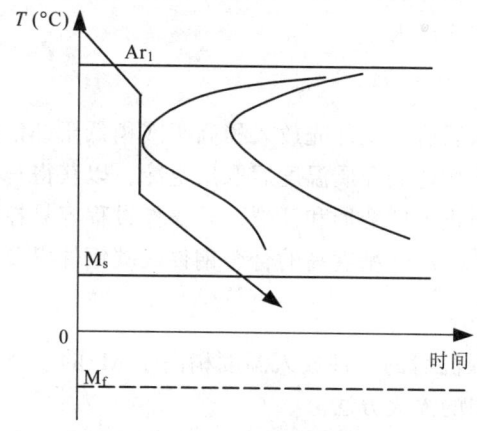

图 4-11　钢的理想冷却速度

但是到目前为止，还没有找到一种符合理想冷却速度要求的冷却介质。因此，生产中，常用与理想冷却速度接近的水、油、盐类或碱类水溶液等作为淬火冷却介质。

水是最常用的淬火冷却介质，它具有较强的冷却能力，且成本低廉，因此应用广泛。但是，水在 650～400 ℃ 范围内冷却速度过大，产生的淬火应力大，易导致工件的淬火变形和开裂，因此，水主要用于形状简单、截面较大的碳钢工件的淬火。

水中加入盐类或碱类物质形成的盐类或碱类水溶液，能提高 650～400 ℃ 范围内的冷却能力，可防止珠光体的转变，对碳钢的淬硬非常有利，但在 300～200 ℃ 范围内冷却速度仍然很快，变形和开裂倾向仍然很大。因此，盐类或碱类水溶液常用于形状简单、硬度要求高而均匀、表面要求光洁、对变形要求不严格的碳钢工件的淬火。

淬火常用的油包括机油、变压器油、柴油等。油在 300～200 ℃ 范围内的冷却速度较小，有利于减小淬火变形和开裂倾向，但在 650～400 ℃ 范围内冷却速度也较小，不利用淬硬，因此，油主要用于淬透性高的低合金钢和合金钢的淬火。

4. 淬火方法

为了使零件淬硬并防止变形和开裂,单纯依靠合理选择淬火介质是不够的,还必须选用正确的淬火方法。常用的淬火方法有以下几种:

(1) 单介质淬火

单介质淬火是将加热、保温后的工件放入一种介质中连续冷却的淬火方法,如水淬、油淬等。一般情况下,形状简单、尺寸较大的碳钢件采用水淬,合金钢件和尺寸较小的碳钢件采用油淬。单介质淬火操作简单,容易实现机械化,因此应用广泛。但是单介质淬火容易产生变形开裂、淬火硬度不足等缺陷,在生产中应谨慎选用。

(2) 双介质淬火

双介质淬火是将加热、保温后的工件先放入冷却能力较强的介质中冷却到 300 ℃ 左右,再在一种冷却能力较弱的介质中冷却的淬火方法,例如:先水淬后油淬。若操作得当,采用双介质淬火可有效防止淬火变形和开裂。但双介质转换的时刻难以掌握,转换过早易淬不硬,转换过晚易出现易淬火变形和开裂,操作难度大。目前双介质淬火主要用于形状复杂的高碳钢件和尺寸较大的合金钢件的淬火。

(3) 分级淬火

分级淬火是将加热、保温后的工件先放入稍高于或稍低于 M_s 的盐浴或碱浴中,保持适当时间,待零件内外的温度均达到介质温度后取出空冷,以获得马氏体组织的淬火方法。分级淬火能减小淬火应力,防止工件变形和开裂,且操作过程容易控制,主要用于截面尺寸较小、形状复杂、要求变形小、尺寸精度高的合金钢件或碳钢件以及部分工具的淬火。

(4) 等温淬火

等温淬火是将加热、保温后的工件放入温度稍高于 M_s 的盐浴或碱浴中,保温足够长的时间,以获得下贝氏体组织的淬火方法。

等温淬火能有效防止工件的淬火变形和开裂,但生产周期较长,效率低。目前等温淬火主要用于形状复杂、尺寸较小、要求变形小、尺寸精度要求较高的合金钢件或高碳钢件以及部分工具的淬火。

(二) 淬透性与淬硬性

1. 淬透性

淬透性是钢在一定条件下淬火时获得淬硬层深度的能力,它表示钢接受淬火的能力。淬硬层深度,也叫淬透层深度,是指钢表面量到钢的半马氏体区(组织中马氏体占50%、其余50%为珠光体类型组织)组织处的深度。

淬透性通常用淬透性指数或临界淬透直径表示。GB/T225—2006《钢的淬透性末端淬火试验方法》规定:淬透性指数用 J××-d 表示,其中"××"表示硬度值,或为 HRC,或为 HV30;"d"表示硬度测量点至淬火端面的距离,单位为毫米(mm)。例如,J35-15,表示距淬火端 15 mm 处硬度值为 35 HRC。临界淬透直径是指钢在某种介质中淬火后,心部得到全部马氏体或半马氏体组织时的试样最大直径。

淬透性主要取决于其临界冷却速度的大小，而临界冷却速度则主要取决于过冷奥氏体的稳定性。过冷奥氏体越稳定，钢的临界冷却速度越小，钢的淬透性越高。钢的化学成分、奥氏体的晶粒度和均匀程度、钢的原始组织等因素都影响奥氏体的稳定性，因此它们是决定钢淬透性高低的直接因素，例如，钢中的合金元素（除钴外）都能提高过冷奥氏体的稳定性，均使钢的 C 曲线右移，降低钢的临界冷却速度，从而提高钢的淬透性。

钢的淬透性属于钢的热处理工艺性能，是选择零件材料时必须考虑的因素。例如，承受重载荷的大截面的重要零件，为保证零件表面和心部全部淬透，一般都选用高淬透性的合金钢制造。

2. 淬硬性

淬硬性是指钢淬火时的硬化能力，用淬火马氏体可能得到的最高硬度表示。钢的淬硬性主要决定于马氏体中的含碳量。马氏体中的含碳量越高，淬硬性越高。

钢的淬透性与淬硬性是两个不同的概念，两者没有关联关系，淬透性高的钢其淬硬性不一定高，而淬硬性高的钢也不一定淬透性高。例如，低合金钢淬透性高但淬硬性却不高，高碳钢的淬硬性高但淬透性却不高。

四、钢的回火

回火是将经过淬火的钢重新加热到低于下临界温度的适当温度，保温一段时间后在空气或水、油等介质中冷却的热处理工艺，其目的是减小或消除淬火应力，防止变形和开裂；稳定尺寸，保证精度；调整钢的力学性能，满足工件或工具的各种使用性能要求。

钢回火后的组织和性能主要取决于回火温度。回火温度与回火后钢的性能的关系见图 4-12。由图可知：随着回火温度的升高，强度和硬度逐渐降低，塑性和韧性逐渐提高。

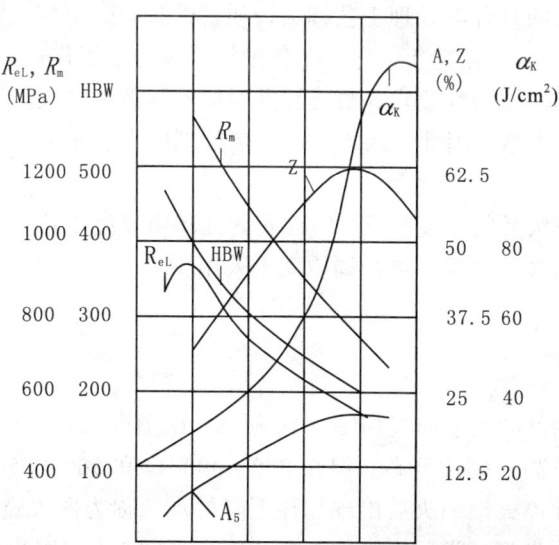

图 4-12 回火温度与回火后钢的性能的关系示意图

(一) 常用回火方法

根据回火温度的不同，回火分为低温回火、中温回火和高温回火。

1. 低温回火

回火温度 150～250 ℃，回火后得到回火马氏体，用符号"M′"表示。回火马氏体在金相显微镜下呈黑色针叶状，马氏体内分布着极细的碳化物，见图 4-13。低温回火的目的是在保持淬火钢的高硬度和高耐磨性的前提下，减小淬火应力，提高钢的韧性，因此，低温回火主要用于刀具、量具、冷冲模具、滚动轴承以及渗碳件的回火。

图 4-13 回火马氏体金相组织示意图

2. 中温回火

回火温度 350～500 ℃，回火后得到回火托氏体，用符号"T′"表示。回火托氏体的金相显微组织见图 4-14，针叶状铁素体基体上分布着极细的粒状渗碳体。中温回火的目的是获得高的屈服强度、高的弹性极限和较高的韧性，因此，它主要用于弹性零件及热作模具的回火。

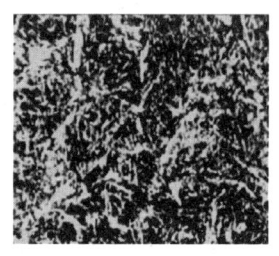

图 4-14 回火托氏体金相组织示意图

3. 高温回火

回火温度 > 500 ℃，回火后得到回火索氏体，用符号"S′"表示。回火索氏体的金相显微组织见图 4-15，粒状铁素体基体上分布着粒状渗碳体。高温回火的目的是获得强度、硬度和塑性、韧性都较好的综合力学性能，它广泛用于机器中各种重要零件（如连杆，螺栓，齿轮及轴）的回火。

将淬火和高温回火的复合热处理工艺称为调质。机器中的很多零件，如轴类、连杆、螺栓、齿轮等，它们在各种复合应力下工作，只有调质才能满足它们的强韧性要求，尤其是重型机器制造中的大型部件，调质处理用得更多。因此，调质处理在热处理中占有十分重要的位置。

图 4-15 回火索氏体金相组织示意图

调质后的硬度与正火后的硬度相近，塑性和韧性却明显高于正火，所以，重要的结构件一般都要进行调质而不采用正火。

(二) 回火脆性

回火温度与冲击韧度的关系曲线如图 4-16 所示。由图可知：一般情况下，淬火钢在回火时，随着回火温度的升高，韧性升高。但在 200～400 ℃ 和 500～650 ℃ 两个温度区间回火时出现韧性下降。这种淬火钢回火后出现韧性下降的现象称为回火脆性。在 200～400 ℃ 回火时出现的回火脆性称为第一类回火脆性，在 500～650 ℃ 回火时出现的回火脆性称为第二类回火脆性。

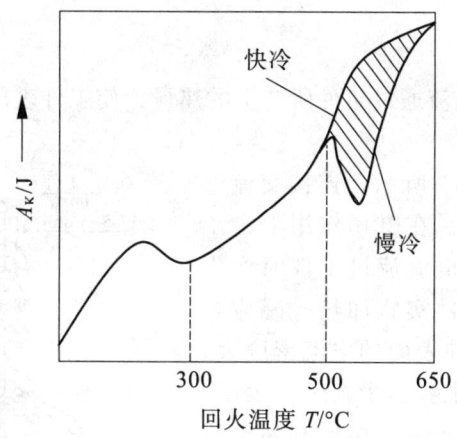

图 4-16　回火温度与冲击韧度的关系曲线

第一类回火脆性也称为低温回火脆性、不可逆回火脆性。其不可逆性是指此类回火脆性目前尚无有效消除办法，一旦出现就不能消除。想要避免此类回火脆性的出现，只能不在这个温度范围内回火。但采取降低钢中杂质元素含量、用 Al 脱氧或钢中加入 Nb、V、Ti、Mo、W、Cr、Si 等元素等措施，可以适当减轻第一类回火脆性。

第二类回火脆性也称为高温回火脆性、可逆回火脆性。其可逆性是指此类回火脆性可采用"重新加热后快冷"的方法予以消除。防止此类回火脆性的方法有：降低低钢中杂质元素含量、加入适量的 Mo、W 等合金元素、不在 450～600 ℃ 这个温度范围内回火、回火时采用快冷方式等。

第四节　表面热处理和化学热处理

一些在弯曲、扭转、冲击载荷、摩擦条件区工作的齿轮等机器零件，要求具有表面高硬度、高耐磨，心部韧性好、能抗冲击的特性。生产中此类零件广泛采用表面热处理或化学热处理来满足上述要求。

一、表面热处理

表面热处理是指为改变工件表面的组织和性能，仅对其表面进行热处理的热处理工艺。

表面淬火是表面热处理的主要工艺，其目的是使工件获得高硬度的表面层和有利的内应力分布，以提高工件的耐磨性能、抗疲劳性能和抗冲击性能。表面淬火是将工件表面快速加热到淬火温度，迅速冷却，使工件表面得到一定深度的淬硬层，而心部仍保持未淬火状态组织。

根据加热方法不同，表面淬火分为感应淬火、接触电阻加热淬火、火焰淬火、激光淬火和电子束淬火等，目前工业中应用最多的是感应淬火和火焰淬火。

(一) 感应淬火

感应淬火是利用感应电流通过工件所产生的热量，使工件表层、局部或整体加热并快速冷却的淬火。

感应淬火原理如图 4-17 所示，连接交流电源的感应圈产生交变磁场。在磁场作用下，工件中产生感应电流。感应电流流过工件时产生电阻热，利用电阻热对工件实施加热。感应电流具有集肤效应，靠近工件表面的电流密度大，而中心几乎为零，电阻热主要集中在工件表层，因此，感应加热时工件表面温度快速升高至淬火温度，而心部温度仍低于淬火温度。感应加热后，立即把水喷射到工件表面，完成感应淬火。感应淬火后，工件表面硬而耐磨，而内部保持较好的韧性。

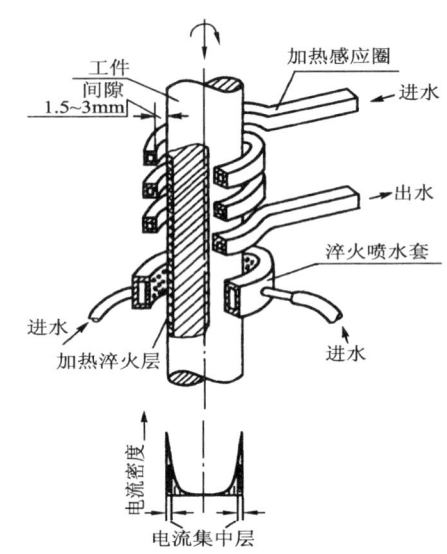

图 4-17 感应淬火

感应淬火时，电流频率越高，淬硬层越浅，因此，生产中可以用电流频率来控制工件的淬硬层深度。根据感应淬火时使用的交流电频率不同，感应淬火分为：工频感应淬火、低频感应淬火、中频感应淬火、超音频感应淬火、高频感应淬火、超高频感应淬火等，目前感应淬火以中频感应淬火、高频感应淬火、超高频感应淬火为主。

常用感应淬火的电流频率范围、淬硬层深度及应用见表 4-1。

表 4-1 感应淬火的电流频率、淬硬层深度及应用

名　称	电流频率范围	淬硬层深度	应　用
高频感应淬火	50～200 kHz	0.5～2 mm	小模数齿轮、中小轴等中小型零件
中频感应淬火	0.5～10 kHz	2～10 mm	较大直径的轴类零件、大中模数齿轮、钢轨、导轨
工频感应淬火	50 Hz	10～20 mm	直径大于 300 mm 的轧辊、轴、火车车轮等

感应淬火具有淬硬层深度易控制、不产生氧化脱碳缺陷、工件变形小、比普通淬火硬度高、加热速度快、生产效率高、便于实现生产机械化和自动化等优点，但设备投入大且形状复杂的感应器不易制造，不适于单件生产，广泛用于既要求表面具有高的耐磨性、抗疲劳强度，又要求内部具有足够的塑性和韧性的零件，如齿轮、轴、导轨等。最适宜感应淬火的钢种是中碳钢和中碳合金钢，也可用于部分高碳工具钢和铸铁。

(二) 火焰淬火

火焰淬火是应用氧-乙炔（或其他可燃气）火焰对零件表面进行加热，随之淬火冷却的工艺，如图 4-18 所示。火焰淬火适用于单件或小批量生产，淬硬层深度一般为 2～6 mm。

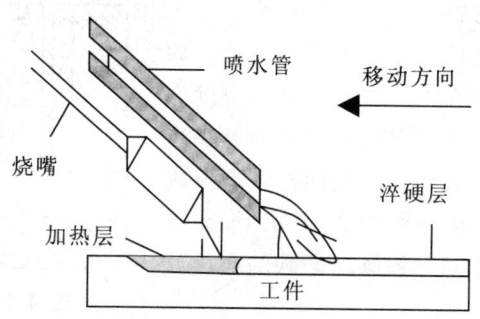

图 4-18　火焰加热表面淬火示意图

火焰淬火设备简单，投资少，成本低，不受现场环境与工件大小的限制，操作简便，但生产率低，淬火质量不稳定，适用于大型工件的表面淬火。

二、化学热处理

化学热处理是将工件置于一定温度的活性介质中加热、保温，使一种或几种元素渗入其表层，以改变表层一定深度的化学成分、组织和性能的热处理工艺。其目的是提高表面的硬度、耐磨性、疲劳极限，或改善工件的物理、化学性能，如耐高温、耐腐蚀性等。

化学热处理由分解、吸收和扩散三个基本过程组成。分解是利用活性介质形成渗入元素活性原子的过程。吸收是活性原子被工件表层吸附和溶入铁的晶格形成固溶体或与钢中元素形成化合物的过程。扩散是渗入元素从工件表面向工件内部迁移的过程，通过扩散形成一定厚度的渗层。

化学热处理工艺包括渗碳、碳氮共渗、渗氮、氮碳共渗、渗其他非金属、渗金属、多元共渗等，目前常用的是渗碳、碳氮共渗、渗氮。

(一) 渗　碳

渗碳是将工件放入渗碳介质中，加热并保温，使碳原子渗入到钢件表层，以提高工件表层碳的质量分数并在其中形成一定的碳的质量分数梯度的化学热处理工艺。

渗碳只能提高工件表层的碳的质量分数，不能有效提高工件的使用性能，因此工件渗碳后必须进行适当的热处理。渗碳后的热处理工艺一般是"淬火 + 低温回火"。

渗碳工件的材料一般为低碳钢或低碳合金钢。渗碳后，工件表面的化学成分可接近高碳钢。工件渗碳后经过"淬火 + 低温回火"，以得到高的表面硬度、高的耐磨性和疲劳强度，并保持心部有低碳钢淬火后的强韧性,使工件能承受冲击载荷。

渗碳工艺广泛用于飞机、汽车和拖拉机中的零件,如齿轮、轴、凸轮轴等。

渗碳方法有固体渗碳、液体渗碳和气体渗碳,其中应用较为广泛的是气体渗碳。

气体渗碳是指工件在气体渗碳剂中进行渗碳。如图 4-19 所示,工件置于密封的加热炉中,加热温度为 900~950 ℃,滴入煤油、丙酮、甲醇等渗碳剂,在高温下活性碳原子溶入到工件表层,并向内扩散,形成一定深度的渗碳层。渗碳时间一般为 3~9 h,渗碳层深度一般在 0.5~2.5 mm 之间,渗碳层的碳的质量分数可达 0.8%~1.1%。

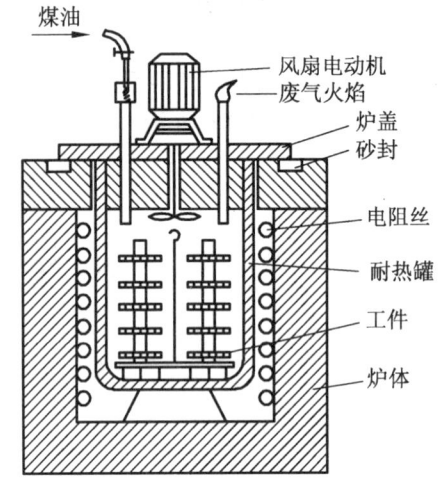

图 4-19 气体渗碳法示意图

(二) 渗 氮

渗氮也称氮化,是在一定温度下、一定介质中使氮原子渗入工件表层的化学热处理工艺。

渗入钢中的氮,一方面由表及里与铁形成不同含氮量的氮化铁,一方面与钢中的合金元素结合形成各种合金氮化物,特别是氮化铝、氮化铬。这些氮化物具有很高的硬度、热稳定性和很高的弥散度,因而可使渗氮后的工件得到高的表面硬度、高耐磨性、高疲劳强度、高的热硬性,并使工件具有良好的耐蚀性和小的缺口敏感性。

与渗碳工艺相比,渗氮能使钢件获得比渗碳更高的表面硬度(可高达 950~1 200 HV)和耐磨性,除此之外还使工件具有高的热硬性和良好的耐蚀性;渗氮温度低(480~600 ℃),工件变形小;渗碳后需要"淬火+低温回火"才能获得高的表面硬度,渗氮后一般不需要再进行其他热处理;氮化层较薄(大约 0.5 mm),且脆性较大,不适合承受大的接触应力和冲击载荷;氮化周期长,一般几十甚至上百小时,成本高。

氮化主要用于耐磨性和精度要求很高的零件或承受交变载荷的重要零件,以及要求耐热、耐蚀的耐磨件,如精密机床主轴、镗床镗杆、发动机曲轴、高速传动的精密齿轮等。

氮化用钢主要是含铝、铬、钼等合金元素的合金钢,如 38CrMoAlA、35CrMo、Cr12、25Cr2MoVA 等,其中 38CrMoAlA 应用最广泛。

常用的渗氮方法有气体渗氮、离子渗氮。

气体渗氮是在气体介质中进行渗氮的工艺。气体渗氮一般以提高金属的耐磨性为主要目的。气体参氮可采用一般渗氮法(即等温渗氮)或多段(二段、三段)渗氮法。前者是在整个渗氮过程中渗氮温度和氨气分解率保持不变。温度一般在 480~520 ℃ 之间,氨气分解率为 15%~30%,保温时间近 80 h。这种工艺适用于渗层浅、工件变形要求严、硬度要求高的零件,但处理时间过长。多段渗氮是在整个渗氮过程中按不同阶段分别采用不同温度、不同氨分解率、不同时间进行渗氮。整个渗氮时间可以缩短到近 50 h,能获得较深的渗层,但渗氮温度较高,工件变形较大。还有以抗蚀为目的的气体渗氮,渗氮温度在 550~700 ℃ 之间,保温 0.5~3 h，氨分解率为 35%~70%，工件表层可获得化学稳定性高的化合物层，防止工件受湿空气、过热蒸汽、气体燃烧产物等的腐蚀。

离子渗氮又称辉光渗氮，是利用辉光放电原理进行的。把工件放入通有含氮介质的负压容器中。在直流电压作用下（炉体接正极，工件接负极），含氮介质发生辉光放电成为正离子。随后阴极电压急剧下降，氮和氢等正离子高速冲向工件表面。离子的高动能转变为热能，加热工件表面至所需温度。由于离子的轰击，工件表面产生原子溅射而得到净化，同时由于吸附和扩散作用，氮原子渗入工件表面，形成渗氮层。

与一般的气体渗氮相比，离子渗氮速度快、时间短，渗层厚度和组织可以控制，渗氮层脆性小，对需要渗氮的部分可实现局部渗氮，能去除工件表面钝化膜实现工件的直接渗氮。

离子渗氮是先进的渗氮工艺，发展迅速，已广泛应用于机床的主轴、精密丝杆、齿轮、发动机曲轴及模具等。

(三) 碳氮共渗与氮碳共渗

碳氮共渗与氮碳共渗都是向工件表层同时渗入碳和氮的化学热处理工艺，以渗碳为主的称为碳氮共渗，以渗氮为主的称为氮碳共渗。碳氮共渗多在中温或高温下进行，其主要目的是提高钢的硬度、耐磨性和疲劳强度；氮碳共渗多在低温下进行，其主要目的是提高钢的耐磨性和抗咬合性。

碳氮共渗与氮碳共渗工艺中，碳氮原子相互促进便加快了渗入速度，生产率高。渗层兼具渗碳层和渗氮层的优点，且设备简单，投资少，易操作，有时还能给工件以美观的外表，因此在生产中得到广泛应用。

第五节　热处理工艺设计

一、热处理的技术条件

机械制造过程中，大多数零件、所有工具以及模具都要进行热处理，要求在其图样中标出热处理的技术条件。

热处理的技术条件包括：最终热处理方法和应达到的力学性能指标。力学性能指标一般只标出硬度值，但对于力学性能要求高的零件，还应标出强度、塑性、韧性等性能指标，有时还要标出组织要求。表面热处理要求标出硬化层深度和性能，化学热处理要求标出渗层深度及性能。

在图样上标注热处理的技术条件时，推荐《金属热处理工艺分类及代号》（GB/T12603—2005）。热处理工艺代号的标注方法，如图 4-20 所示。

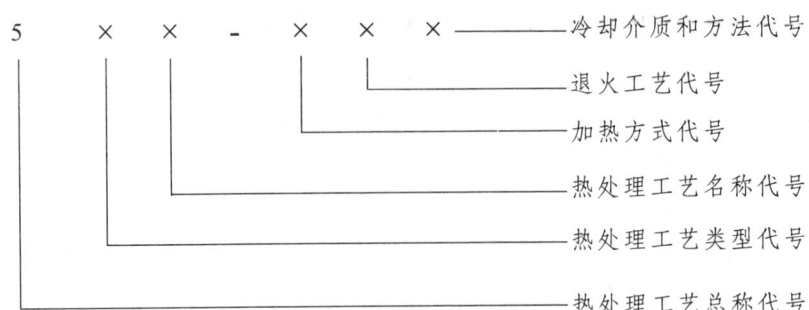

图 4-20　热处理工艺代号

热处理工艺代号采用 3 位数字系统。热处理工艺代号由基础分类代号和附加分类工艺代号组成。热处理基础分类代号包括热处理工艺总称代号、热处理工艺类型代号和热处理工艺名称代号，在热处理工艺代号中必须标注；附加分类工艺代号包括加热方式代号、退火工艺代号、冷却介质和方法代号，只有对基础工艺中的某些具体实施条件有明确要求时才需要标注。

化学热处理中，没有表明渗入元素的各种工艺，如多元共渗、渗金属、渗其他非金属，可以在其代号后用（化学符号）表示渗入元素种类，例如，渗铝工艺的代号为 536（Al）。

热处理工艺分类及代号见表 4-2，加热方式及代号见表 4-3，退火工艺代号见表 4-4，冷却介质和方法代号见表 4-5。常用的热处理工艺代号见表 4-6。

表 4-2　热处理工艺分类及代号

工艺总称	代号	工艺类型	代号	工艺名称	代号
热处理	5	整体热处理	1	退火	1
				正火	2
				淬火	3
				淬火和回火	4
				调质	5
				稳定化处理	6
				固溶处理；水韧处理	7
				固溶处理+时效	8
		表面热处理	2	表面淬火和回火	1
				物理气相沉积	2
				化学气相沉积	3
				等离子体增强化学气相沉积	4
				离子注入	5
		化学热处理	3	渗碳	1
				碳氮共渗	2
				渗氮	3
				氮碳共渗	4
				渗其他非金属	5
				渗金属	6
				多元共渗	7

第五节 热处理工艺设计

表 4-3 加热方式及代号

加热方式	可控气氛	真空	盐浴	感应	火焰	激光	电子束	等离子体	固体装箱	液态床	电接触
代号	01	02	03	04	05	06	07	08	09	10	11

表 4-4 退火工艺及代号

退火工艺	去应力退火	均匀化退火	再结晶退火	石墨化退火	脱氢退火	球化退火	等温退火	完全退火	不完全退火
代号	St	H	R	G	D	Sp	I	F	P

表 4-5 淬火冷却介质和冷却方法及代号

冷却介质和冷却方法	空气	油	水	盐水	有机聚合物水溶液	热浴	加压淬火	双介质淬火	分级淬火	等温淬火	形变淬火	气冷淬火	冷处理
代号	A	O	W	B	Po	H	Pr	I	M	At	Af	G	C

表 4-6 常用的热处理工艺代号

工艺	代号	工艺	代号	工艺	代号
整体热处理	500	淬火	513	表面淬火+回火	521
退火	511	水冷淬火	513-W	感应淬火和回火	521-04
去应力退火	511-St	油冷淬火	513-Q	火焰淬火和回火	521-05
均匀化退火	511-H	双介质淬火	513-I	物理气相沉淀	522
再结晶退火	511-R	分级淬火	513-M	化学气相沉淀	523
球化退火	511-Sp	等温淬火	513-At	化学热处理	530
等温退火	511-I	淬火及冷处理	513-C	渗碳	531
完全退火	511-F	淬火+回火	514	可控气氛渗碳	531-01
石墨化退火	511-G	调质	515	碳氮共渗	532
正火	512	表面热处理	520	渗氮	533

例如，45 钢制小轴的热处理技术条件标注为 515，235～265HBW，表示对轴进行加热炉加热的整体调质处理，处理后布氏硬度值达到 235～265HBW。

二、热处理工序位置安排

预先热处理包括退火、正火、调质等，其工艺目的主要是消除内应力、改善切削加工性能、为最终热处理作组织准备，其工序位置一般安排在毛坯生产之后、切削加工之前。

退火、正火工序位置：毛坯生产→退火（或正火）→切削加工。

调质工序位置：下料→锻造→正火（或退火）→粗加工（留余量）→调质→半精加工（或精加工）。

最终热处理包括淬火、回火、表面淬火及化学热处理等，其工艺目的是获得零件或工具要求的使用性能，其工序位置一般安排在半精加工之后、精加工之前。

整体淬火位置：下料→锻造→退火（或正火）→粗加工、半精加工（留磨量）→淬火、回火（低、中温）→磨削。

表面淬火位置：下料→锻造→退火（或正火）→粗加工→调质→半精加工（留磨量）→表面淬火、低温回火→磨削。

渗碳工序位置：渗碳件（整体与局部渗碳）的加工路线一般为：下料→锻造→正火→粗、半精加工→渗碳→淬火、低温回火→磨削。

渗氮工序位置：下料→锻造→退火 →粗加工→调质→半精加工→去应力退火（俗称高温回火）→粗磨→渗氮→精磨或研磨或抛光。

复习思考题

4-1 填空题

1. 热处理的基本过程包括_____、_____和_____。
2. 热处理工艺分为_____、_____和_____。
3. 热处理加热时，影响奥氏体晶粒度的工艺因素主要有_____与_____。
4. 马氏体的形态主要有_____和_____两种。
5. 马氏体的硬度主要取决于_____。
6. 等温淬火获得的淬火组织是_____。
7. 淬火的目的是获得_____组织。

4-2 选择题

1. 过共析钢成分的碳钢件，其预先热处理方法通常选用（　　）。
   A．完全退火　　B．球化退火　　C．等温退火　　D．正火
2. 20钢，其预先热处理方法通常选用（　　）。
   A．完全退火　　B．球化退火　　C．等温退火　　D．正火
3. （　　）适合渗碳工艺。
   A．45　　B．20　　C．60　　D．40Cr
4. 锉刀的最终热处理工艺一般是（　　）。

A．淬火+低温回火　　　B．调质　　　C．淬火+中温回火　　D．氮化
5．弹簧的最终热处理工艺一般是（　　）。
　　A．淬火+低温回火　　　B．调质　　　C．淬火+中温回火　　D．氮化
6．轴类零件的最终热处理工艺一般是（　　）。
　　A．淬火+低温回火　　　B．调质　　　C．淬火+中温回火　　D．氮化
7．淬火后硬度最高的是（　　）。
　　A．20　　　　　　　　B．45　　　　C．40Cr　　　　　　D．T12
6．以下材料牌号中淬透性最好的是（　　）。
　　A．20　　　　　　　　B．45　　　　C．40Cr　　　　　　D．T12

4-3　判断题

1．钢的含碳量越高，淬火温度越高。　　　　　　　　　　　　　　　　（　　）
2．分级淬火可以预防淬火裂纹。　　　　　　　　　　　　　　　　　　（　　）
3．退火工艺是典型的最终热处理工艺。　　　　　　　　　　　　　　　（　　）
4．零件淬火后必须及时回火。　　　　　　　　　　　　　　　　　　　（　　）
5．钢的淬透性越高，淬硬性也越高。　　　　　　　　　　　　　　　　（　　）

4-4　问答题

1．热处理工艺都是由哪三个阶段组成的？每个阶段的目的是什么？
2．何谓钢的退火？其目的是什么？退火工艺有哪几类？
3．何谓正火？怎样选择正火和退火？
4．何谓钢的淬透性？何谓钢的淬硬性？它们各自取决于什么因素？
5．常用的淬火冷却介质有哪几种？分别说明它们的冷却特性、优缺点及应用范围。
6．常用的淬火方法有哪几种？说明它们的主要特点及其应用范围。
7．何谓回火？回火的目的是什么？回火可分为哪几类？各用于什么场合？
8．某汽车齿轮选用 20CrMnTi 制造，其工艺路线为：下料→锻造→正火①→切削加工→渗碳②→淬火③→低温回火④→喷丸→磨削。
请说明①、②、③、④四项热处理工艺的目的。

第五章 钢铁材料

【本章导学】

钢铁材料是机械工业中目前应用最广泛的金属材料。学习钢铁材料的基础知识是正确使用钢铁材料的基本要求。本章主要学习钢中元素的作用、钢铁材料的分类和牌号、常用钢铁材料的性能特点及应用等内容。

本章的基本要求：掌握钢铁材料中的元素及其对钢铁材料的影响；掌握钢铁材料的牌号和分类方法；掌握常用钢铁材料的性能特点及应用。

第一节 钢铁材料的分类

钢铁材料又称黑色金属材料，是以铁和碳为主要组元的铁碳合金。钢铁材料包括钢和铸铁。钢是"以铁为主要元素、含碳量一般在 2.0% 以下，并含有其他元素的材料"。铸铁是含碳量在 2% 以上的铁碳合金，工业用铸铁一般含碳量为 2%~4%。

一、钢的分类

(一) 传统分类方法

1. 按钢的化学成分分类

按钢的化学成分分类，钢分为碳素钢（简称碳钢）和合金钢。

2. 按钢的质量分类

按钢的质量分类，实质上是按钢中的有害杂质元素 S、P 含量分类。分为：普通质量钢，$w_S \leqslant 0.055\%$，$w_P \leqslant 0.045\%$；优质钢，$w_S \leqslant 0.040\%$，$w_P \leqslant 0.040\%$；高级优质钢，$w_S \leqslant 0.030\%$，$w_P \leqslant 0.035\%$；特级优质钢，$w_S \leqslant 0.030\%$，$w_P \leqslant 0.035\%$。

3. 按脱氧程度分类

按脱氧程度分类，钢分为：

沸腾钢——指脱氧不完全的钢。用弱脱氧剂锰铁脱氧后，钢水中留有的氧与碳反应放出一氧化碳气体。因此，在浇注时钢水在钢锭模内呈沸腾现象，故称为沸腾钢。

镇静钢——指脱氧完全的钢。一般使用强脱氧剂硅铁或铝脱氧。优质钢和合金钢一般都是镇静钢。

半镇静钢——指脱氧较完全的钢。脱氧程度介于沸腾钢和镇静钢之间，浇注时有沸腾现象，但较沸腾钢弱。

特殊镇静钢——指比镇静钢脱氧程度更充分彻底的钢。

4. 按用途分类

按用途分类，钢分为：

结构钢——主要用于制造各种机械零件和工程结构件的钢，其 $w_C < 0.7\%$。

工具钢——主要用于制造各种刃具、模具和量具的钢，其 $w_C \geq 0.7\%$。

专用钢——包括压力容器用钢、造船用钢、矿山用钢、易切钢等。

特殊性能钢——指含有特意添加的合金元素（用符号 M_e 表示）的或者用特殊工艺方法生产的具有特殊的物理和化学性能的合金钢。

5. 按含碳量分类

按含碳量分类，钢分为：低碳钢，$w_C = 0.08\% \sim 0.25\%$；中碳钢，$w_C = 0.25\% \sim 0.60\%$；高碳钢，$w_C = 0.60\% \sim 1.40\%$。

6. 合金钢按合金元素总含量分类

合金钢按合金元素总含量分类，分为：低合金钢，$w_{Me} < 5\%$；中合金钢，$w_{Me} = 5\% \sim 10\%$；高合金钢，$w_{Me} > 10\%$。

7. 合金钢按主加合金元素种类分类

合金钢按主加合金元素种类分类，分为：铬钢、锰钢、铬镍钢、铬钼钢、硅锰钢、铬镍锰钢、硅锰钼矾钢等。

(二) 新分类方法

按照 GB/13304—2008 "钢分类" 的规定，钢的分类分为两部分：第一部分，按化学成分分类；第二部分，按主要质量等级和主要性能或使用性能的分类。

1. 按化学成分分类

按化学成分分类，钢分为非合金钢、低合金钢和合金钢。

钢中元素处于表 5-1 中非合金钢、低合金钢、合金钢相应元素的界限值范围内时，分别称为非合金钢、低合金钢、合金钢。

表 5-1 非合金钢、低合金钢和合金钢合金元素规定含量界限值

合金元素	合金元素规定含量界限值（质量分数）/%		
	非合金钢	低合金钢	合金钢
Al	<0.10	—	≥0.10
B	<0.000 5	—	≥0.000 5
Bi	<0.10	—	≥0.10
Cr	<0.30	0.30~0.50	≥0.50
Co	<0.10	—	≥0.10
Cu	<0.10	0.10~0.50	≥0.50
Mn	<1.00	1.00~1.40	≥1.40
Mo	<0.05	0.05~0.10	≥1.40
Ni	<0.30	0.30~0.50	≥0.10
Nb	<0.02	0.02~0.06	≥0.50
Pb	<0.40	—	≥0.06
Se	<0.10	—	≥0.10
Si	<0.10	0.50~0.90	≥0.90
Te	<0.10	—	≥0.10
Ti	<0.05	0.05~0.13	≥0.13
W	<0.10	—	≥0.10
V	<0.04	0.04~0.12	≥0.12
Zr	<0.05	0.05~0.12	≥0.12
La 系（每一种元素）	<0.02	0.02~0.05	≥0.05
其他元素（S、P、C、N 除外）	<0.05	—	≥0.05

注：除非合同或订单中另有协议，表中 Bi、Pb、Se、Te、La 系和其他元素（S、P、C、N 除外）的规定界限值不予考虑。
1. La 系元素含量，也可作为混合稀土含量总量；
2. 表中"—"表示不规定，不作为划分依据。

2. 按主要质量等级和主要性能或使用性能分类

按主要质量等级和主要性能或使用性能分类，见表 5-2。

表 5-2　按主要质量等级和主要性能或使用性能的分类

- 非合金钢
  - 按主要质量等级分类
    - 普通质量非合金钢
    - 优质非合金钢
    - 特殊质量非合金钢
  - 按主要性能或主要特性分类
    - 以规定最高强度（或硬度）为主要特性的非合金钢
    - 以规定最低强度为主要特性的非合金钢
    - 以限制碳含量为主要特性的非合金钢
    - 非合金易切削钢
    - 非合金工具钢
    - 规定磁性能和电性能的非合金钢
    - 其他非合金钢

- 低合金钢
  - 按主要质量等级分类
    - 普通质量低合金钢
    - 优质低合金钢
    - 特殊质量低合金钢
  - 按主要性能或使用特性分类
    - 可焊接的低合金高强度结构钢
    - 低合金耐候钢合金钢
    - 低合金混凝土用钢及预应力用钢
    - 矿用低合金钢
    - 铁道用低合金钢
    - 其他低合金钢

- 合金钢
  - 按主要质量等级分类
    - 优质合金钢
    - 特殊质量合金钢
  - 按主要性能或使用特性分类
    - 工程结构用合金钢
    - 机械结构用合金钢
    - 不锈钢、耐蚀钢和耐热钢
    - 工具钢
    - 轴承钢
    - 特殊物理性能钢
    - 其他合金钢

二、铸铁的分类

1. 按碳存在的形式分类

按碳存在的形式分类,铸铁分为:
灰口铸铁——铸铁中的碳主要以石墨形式存在,断口呈暗灰色。
白口铸铁——铸铁中的碳主要以 Fe_3C 形式存在,断口呈亮白色。
麻口铸铁——铸铁中的碳以石墨和 Fe_3C 两种形式存,断口呈黑白相间的麻点。

2. 按石墨的形态分类

按石墨的形态分类,铸铁分为:
灰铸铁——铸铁中的石墨呈片状。
可锻铸铁——铸铁中的石墨呈团絮状。
球墨铸铁——铸铁中的石墨呈球状。
蠕墨铸铁——铸铁中的石墨呈蠕虫状。

3. 按化学成分分类

按化学成分分类,铸铁分为:
普通铸铁——不含特意加入合金元素的铸铁。
合金铸铁——指在普通铸铁中加入合金元素而具有特殊性能的铸铁。

三、钢铁及合金牌号统一数字代号体系(GB/T17616—1998)

钢铁及合金牌号统一数字代号表示方法:统一数字代号由固定的六位符号组成,左边第一位用大写的拉丁字母作前缀(一般不适用"I"和"O"字母),后接五位阿拉伯数字。

统一数字代号的结构形式如下:

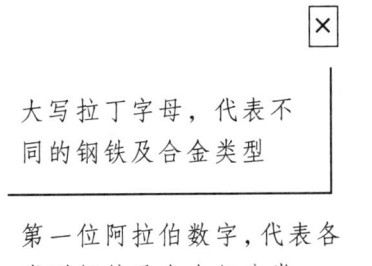

钢铁及合金的类型与统一数字代号见表 5-3。非合金钢的细分类与统一数字代号见表 5-4,低合金钢的细分类与统一数字代号见表 5-5,合金结构钢的细分类与统一数字代号见表 5-6,轴承钢的细分类与统一数字代号见表 5-7,工具钢的细分类与统一数字代号见表 5-8。

表 5-3 钢铁及合金的类型与统一数字代号

钢铁及合金的类型	前缀字母	统一数字代号
合金结构钢	A	A×××××
轴承钢	B	B×××××
铸铁、铸钢及铸造合金	C	C×××××
电工用钢和纯铁	E	E×××××
铁合金和生铁	F	F×××××
高温合金和耐蚀合金	H	H×××××
精密合金及其他特殊物理性能材料	J	J×××××
低合金钢	L	L×××××
杂类材料	M	M×××××
粉末及粉末材料	P	P×××××
快淬金属及合金	Q	Q×××××
不锈、耐蚀和耐热钢	S	S×××××
工具钢	T	T×××××
非合金钢	U	U×××××
焊接用钢及合金	W	W×××××

表 5-4 非合金钢的细分类和统一数字代号

统一数字代号	非合金钢细分类
U0××××	（暂空）
U1××××	非合金一般结构及工程结构钢（表示强度特性值的钢）
U2××××	非合金机械结构钢（包括非合金弹簧钢，表示成分特性值的钢）
U3××××	非合金特殊专用结构钢（表示强度特性值的钢）
U4××××	非合金特殊专用结构钢（一般非合金冷顶锻用钢，表示成分特性值的钢）
U5××××	非合金特殊专用结构钢（非合金锅炉压力容器用钢、非合金造船钢，表示成分特性值的钢）
U6××××	非合金铁道专用钢
U7××××	非合金易切削钢
U8××××	（暂空）
U9××××	（暂空）

表 5-5 低合金钢的细分类与统一数字代号

统一数字代号	低合金钢细分类
L0××××	低合金一般结构钢（表示强度特性值的钢）
L1××××	低合金专用结构钢（表示强度特性值的钢）
L2××××	低合金专用结构钢（表示成分特性值的钢）
L3××××	低合金钢筋钢（表示强度特性值的钢）
L4××××	低合金钢筋钢（表示成分特性值的钢）
L5××××	低合金耐候钢
L6××××	低合金铁道专用钢
L7××××	（暂空）
L8××××	（暂空）
L9××××	其他低合金

表 5-6 合金结构钢的细分类与统一数字代号

统一数字代号	合金结构钢（包括合金弹簧钢）细分类
A0××××	Mn（×）、MnMo（×）系钢
A1××××	SiMn（×）、SiMnMo（×）系钢
A2××××	Cr（×）、CrSi（×）、CrMn（×）、CrV（×）、CrMnSi（×））系钢
A3××××	CrMo（×）、CrMoV（×）系钢
A4××××	CrNi（×）系钢
A5××××	CrNiMo（×）、CrNiW（×）系钢
A6××××	Ni（×）、NiMo（×）、NiCoMo（×）、Mo（×）、MoWV（×）系钢
A7××××	B（×）、MnB（×）、SiMnB（×）系钢
A8××××	（暂空）
A9××××	其他合金结构钢

表 5-7 轴承钢的细分类与统一数字代号

统一数字代号	轴承钢细分类
B0××××	高碳铬轴承钢
B1××××	渗碳轴承钢
B2××××	高温、不锈轴承钢
B3××××	无磁轴承钢
B4××××	石墨轴承钢
B5××××	（暂空）
B6××××	（暂空）
B7××××	（暂空）
B8××××	（暂空）
B9××××	（暂空）

表 5-8 工具钢的细分类与统一数字代号

统一数字代号	工具钢细分类
T0××××	非合金工具钢（包括一般非合金工具钢、含锰非合金工具钢）
T1××××	非合金工具钢（包括非合金塑料模具钢、非合金钎具钢）
T2××××	合金工具钢（包括冷作、热作模具钢、合金塑料模具钢、无磁模具钢）
T3××××	合金工具钢（包括量具刃具钢）
T4××××	合金工具钢（包括耐冲击工具钢、钎具钢合金）
T5××××	高速工具钢（W系高速工具钢）
T6××××	高速工具钢（W-Mo系高速工具钢）
T7××××	高速工具钢（Co系高速工具钢）
T8××××	（暂空）
T9××××	（暂空）

第二节 钢铁中的元素及其作用

钢铁材料中的元素可分为基本元素、杂质元素和合金元素。铁和碳是钢铁材料中的基本元素，其中的碳对钢铁材料的性能起着决定性作用。钢铁冶炼过程中，铁矿石、焦炭、脱氧剂等原料会带入 Si、Mn、P、S、O、N、H 等，这些元素是非有意加入的，称为杂质元素。钢铁冶炼过程中，为使钢铁材料具有某些性能，有目的地加入一定量的一种或多种元素，这些元素称为合金元素。

一、杂质元素对钢的影响

锰钢和硅钢除外，一般认为锰（Mn）、硅（Si）、磷（P）、硫（S）是钢中主要的杂质元素，它们在钢中的含量较低。

（一）锰的影响

锰主要是炼钢时加入锰铁脱氧而残留在钢中的。锰的脱氧能力较好，能清除钢中的 FeO，提高钢的韧性；锰能溶入铁素体，形成合金铁素体，提高钢的强度和硬度。锰还能与硫形成 MnS，以减轻硫的有害作用。所以锰是钢中的有益元素。但是，锰作为杂质存在时，其含量一般不超过 0.8%，对钢的性能影响不大。

（二）硅的影响

硅是炼钢时加入硅铁脱氧而残留在钢中的。硅的脱氧能力比锰强，更有利于提高钢的韧性，但硅含量过高时会降低钢的塑性和韧性；硅能溶入铁素体，形成合金铁素体，提高钢的强度和硬度。因此硅也是钢中的有益元素。但硅作为杂质存在时，其含量一般小于 0.4%，对钢的性能影响不大。

(三) 硫的影响

硫是炼钢时由矿石和燃料带入的。硫与铁形成化合物 FeS，FeS 与铁则形成低熔点（985 ℃）的共晶体并分布在晶界处。将钢加热到 1 100 ~ 1 200 ℃ 进行锻压加工时，晶界上的共晶体容易熔化，造成钢在锻压过程中开裂，这种现象称为"热脆"。因此，硫是钢中的有害元素，其含量应严格控制。

(四) 磷的影响

磷是炼钢时由矿石带入的。磷可全部溶于铁素体，产生强烈的固溶强化，使钢的强度和硬度增加，但是，磷会使钢的塑性和韧性显著下降，这种脆化现象在低温时更为严重，故称为"冷脆"。磷在结晶时还容易偏析，产生局部冷脆。因此，磷也是钢中的有害元素，其含量必须严格控制。

虽然硫和磷是钢中的有害元素，但有时它们也会表现出其有利的一面。例如，切削硫或磷含量较多的钢时，切屑容易脆断而形成断裂切屑，硫或磷起到了改善切削加工性的作用。

二、合金元素的作用

(一) 合金元素在钢中的存在形式

钢中添加的合金元素种类很多，常用的有 Si、Mn、Cr、Ni、Al、B、Mo、W、V、Ti、Nb、Cu、Co、稀土等。合金元素在钢中有三种存在形式：固溶体，化合物，游离态。

1. 固溶体

大多数合金元素（如 Mn、Cr、Ni 等）都能溶入铁素体、奥氏体、马氏体，形成合金铁素体、合金奥氏体和合金马氏体等固溶体。合金元素的溶入造成合金的固溶强化，例如合金元素溶于铁素体，引起铁素体晶格畸变，产生固溶强化，使铁素体的强度、硬度升高，塑性、韧性下降，如图 5-1 所示。

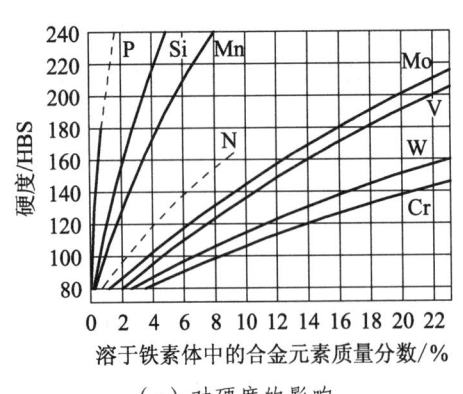
（a）对硬度的影响

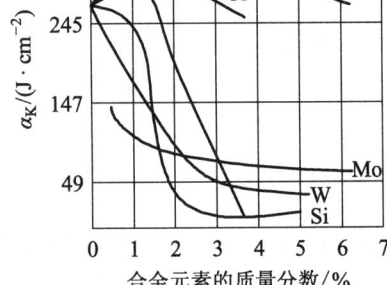
（b）对韧性的影响

图 5-1 合金元素对铁素体力学性能的影响

2. 化合物

合金元素与钢中的碳、其他合金元素、杂质元素相互作用，形成碳化物、金属间化合物和非金属夹杂物。

（1）碳化物

碳化物的主要形式是合金渗碳体{如 $(Fe, Mn)_3C$、$(Fe, Cr)_3C$} 和特殊碳化物（如 WC、MoC、VC、TiC）。

能形成碳化物的合金元素称为碳化物形成元素，如 Fe、Mn、Cr、Mo、W、V、Nb、Zr、Ti 等（按与碳亲和力由弱到强排列），其中，V、Ti、Nb、Zr 是强碳化物形成元素，Cr、Mo、W 属于中强碳化物形成元素，Fe、Mn 是弱碳化物形成元素。合金元素与碳的亲和力越强，碳化物的稳定性越高，硬度也越高。

合金元素形成碳化物，产生弥散强化，使钢的硬度、强度提高，塑性、韧性下降。

（2）金属间化合物

在某些高合金钢中，合金元素之间相互作用，形成金属间化合物，如 Ni_3Al、Ni_3Ti 等，它们在钢中的作用类似于碳化物，有时会使钢具有某些特殊性能。

（3）非金属夹杂物

合金元素与杂质元素相互作用，形成非金属夹杂物，如 Al_2O_3、SiO_2 等，它们大多情况下是有害的，主要降低钢的强度，尤其是降低钢的韧性和疲劳强度，故应严格控制非金属夹杂物的级别。

3. 游离态

钢中的 Pb、Cu 等，既不溶于铁，也不形成化合物，而以游离态存在。通常情况下，游离态元素对钢的性能产生不利影响。

（二）合金元素对 $Fe-Fe_3C$ 相图的影响

1. 合金元素对奥氏体相区的影响

Ni、Mn 等合金元素使奥氏体相区扩大，GS 线向左下移，A_1 线、A_3 线下降。当钢中的这类合金元素含量足够高时，可使奥氏体相区扩大至常温，得到室温平衡基体组织为奥氏体的钢，这类钢称为奥氏体钢。

Cr、Mo、Ti、Si、Al 等合金元素使单相奥氏体区缩小，GS 线向右上移，A_1 线、A_3 线升高。当钢中的这类合金元素含量足够高时，得到室温平衡基体组织为铁素体的钢，这类钢称为铁素体钢。

2. 合金元素对 S、E 点的影响

大多合金元素都使 $Fe-Fe_3C$ 相图的 S 点和 E 点左移。S 点左移，使某些亚共析成分的钢具有过共析组织；E 点左移，使某些钢中出现莱氏体。这种含有莱氏体组织的高合金钢称为莱氏体钢。

(三) 合金元素对钢热处理的影响

1. 对热处理加热时过程的影响

大多数合金元素能减缓奥氏体化速度，其原因是钢中的化合物熔点高，溶解速度慢，且难以扩散。

大多数合金元素有利于获得细小的奥氏体晶粒，其原因是高熔点的化合物细小颗粒分散在奥氏体内，阻止了奥氏体晶粒的长大。

由以上分析可知：与碳钢相比，合金钢工件热处理时需要更高的加热温度和更长的保温时间，且一般不易出现过热缺陷。

2. 对淬火工艺的影响

除 Co 外，大多数合金元素（如 Cr、Ni、Mn、Si、Mo、B 等）溶于奥氏体后都使钢的过冷奥氏体稳定性提高，从而使钢的淬透性提高。

除 Co、Al 以外，大多数合金元素都使 Ms 点和 M_f 下降，使合金钢淬火时的残余奥氏体量增多。

3. 对回火工艺的影响

（1）提高回火稳定性

淬火钢在回火时，抵抗强度、硬度下降的能力称为回火稳定性。因为溶入马氏体的合金元素阻碍马氏体的分解和残余奥氏体的转变，所以合金钢回火时强度、硬度下降缓慢，且需要比非合金钢更高的加热温度，即提高了钢的回火稳定性。

（2）二次硬化

如钢中含有 Cr、Mo、V、Ti、Nb 等碳化物形成元素，经淬火并在 500~600 ℃ 之间回火时，不仅硬度不降低，反而升高到接近淬火钢的高硬度值，这种强化效应，称为合金钢的二次硬化，如图 5-2 所示。二次硬化的原因是回火时特殊碳化物的析出和奥氏体转变为马氏体或贝氏体。

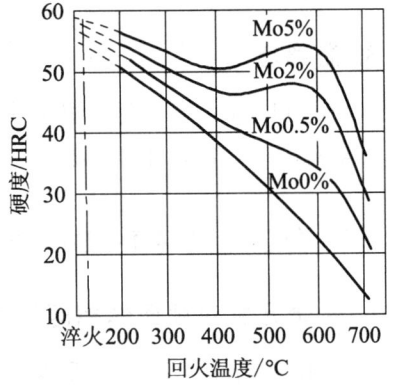

图 5-2 钼钢的回火温度与硬度关系曲线

（3）产生第二类回火脆性

这是合金元素对回火的不利影响。

第三节 非合金钢

非合金钢也称碳钢，其工艺性能良好，力学性能能满足大部分一般工程中的钢结构和机器中的零件的使用性能要求，在工业中得到广泛应用。工业生产中常用的非合金钢主要有：

普通碳素结构钢、优质碳素结构钢、非合金工具钢等。

一、普通碳素结构钢

普通碳素结构钢的含碳量小于0.38%，以小于0.25%最为常见，其硫、磷含量较高。此类钢的强度较低，塑性、韧性较好，具有良好的焊接性能和冲压性能，广泛应用于制造各种工程中的结构件，少量用于制造机器中的普通零件。

碳素结构钢通常以各种板材、带材、棒材和型材等形式供应，一般在热轧状态下使用。

GB/T700—2006"碳素结构钢"规定：碳素结构钢的牌号由代表屈服强度的字母Q、屈服强度数值、质量等级符号（A、B、C、D）和脱氧方法符号（F、b、Z、TZ）等四部分按顺序组成。在牌号表示方法中，质量等级符号"Z"、"TZ"可以省略。例如：Q235AF，表示屈服强度不低于235 MPa、质量等级为A级的碳素结构钢，属于沸腾钢。

碳素结构钢的牌号、性能和用途见表5-9。

表5-9 碳素结构钢的牌号、性能特点及用途

牌号	统一数字代号[①]	质量等级	脱氧方法	主要性能	应用举例
Q195	U11952	—	F、Z	强度低，好的塑性和韧性，良好的焊接性能和压力加工性能	用于制造地脚螺栓、铆钉、铁钉、薄铁皮、钢丝、焊接结构等
Q215	U12152	A	F、Z		
	U12155	B			
Q235	U12352	A	F、Z	一定的强度，良好的塑性和韧性，良好的焊接性能和压力加工性能	用于制造一般机械中的螺栓、螺母、垫片、连杆、销、轴等，各种建筑、桥梁用角钢、槽钢、工字钢、钢筋等
	U12355	B			
	U12358	C	Z		
	U12359	D	TZ		
Q275	U12752	A	F、Z	较高的强度，较好的塑性和韧性，一定的焊接性能	用于制造强度要求较高的机械零件，如齿轮、轴、链轮、链节、键、螺栓、螺母及农机用型钢
	U12755	B	Z		
	U12758	C			
	U12759	D	TZ		

注：1. ① 表中为镇静钢、特殊镇静钢牌号的统一数字代号，沸腾钢的统一数字代号如下：Q195F——U11950；Q215AF——U12150；Q215BF——U12153；Q235AF——U12350；Q235BF——U12353；Q235AF——U12750。

2. 表中碳素结构钢牌号摘录于GB/T700—2006"碳素结构钢"。

二、优质碳素结构钢

优质碳素结构钢中的有害杂质S、P含量低，其硫（S）、磷（P）杂质元素含量一般控制在0.035%以下。此类钢必须同时保证化学成分和力学性能。此类钢产量较大，用途较广，一般轧（锻）制成圆、方、扁等型材、板材和无缝钢管，主要用于制造一般工程结构及机械结构零部件以及建筑结构件和输送流体用管道。优质碳素结构钢使用前一般都要进行热处理。

优质碳素结构钢按冶金质量等级不同,分为优质钢、高级优质钢和特级优质钢;按使用加工方法不同,分为压力加工用钢和切削加工用钢;按含碳量不同,可分为低碳钢($w_C \leq 0.25\%$)、中碳钢(w_C 为 0.25%~0.6%)和高碳钢($w_C > 0.6\%$);按含锰量不同,分为正常含锰量(含锰 0.25%~0.8%)和较高含锰量(含锰 0.70%~1.20%)两组,后者具有较好的力学性能和加工性能。

依据 GB/T699—1999 规定,优质碳素结构钢的牌号用两位数字表示,其中的数字表示钢中平均含碳量的万分数。例如,45 钢表示 $w_C = 0.45\%$ 的优质碳素结构钢。较高含锰量的优质碳素结构钢,在牌号后加 Mn,例如,65Mn,表示 $w_C = 0.65\%$、锰含量较高的优质碳素结构钢。如果是高级优质钢,在牌号后加"A";如果是特级优质钢,在牌号后加"E";对于沸腾钢,牌号后加"F";对于半镇静钢,牌号后加"b"。

优质碳素结构钢的化学成分、性能和用途见表 5-10。

表 5-10 优质碳素结构钢的化学成分、性能和用途 (摘自 GB/T699—1999)

牌号	统一数字代号	R_m /MPa	性能特点	用途举例
08F	U20080	295	优质沸腾钢,强度、硬度低,塑性极好;深冲压,深拉延性好,冷加工性、焊接性好,成分偏析倾向大,时效敏感性大。故冷加工时可采用消除应力热处理或水韧处理,防止冷加工断裂	易轧成薄板、薄带、冷变型材、冷拉钢丝,用作冲压件、压延件,各类不承受载荷的覆盖件、渗碳、渗氮、氰化件,制作各类套筒、靠模、支架
10F	U20100	315	强度低(稍高于 08 钢),塑性、韧性很好,焊接性优良,无回火脆性;易冷热加工成型,淬透性很差,正火或冷加工后切削性能好	宜用冷轧、冷冲、冷镦、冷弯、热轧、热挤压、热镦等工艺成型,用于制造要求受力不大、韧性高的零件,如摩擦片、深冲器皿、汽车车身、弹体等
15F	U20150	355	强度、硬度、塑性与 10F、10 钢相近。为改善其切削性能需进行正火或水韧处理适当提高硬度。淬透性、淬硬性低、韧性、焊接性好	制造受力不大,形状简单,但韧性要求较高或焊接性能较好的中、小结构件、螺钉、螺栓、拉杆、起重钩、焊接容器等
08	U20082	325	时效敏感性比 08F 弱,冲压性能也较稳定;强度不高,而塑性和韧性甚高,有良好的冲压、拉伸和弯曲性能,焊接性能良好。08Al 钢是深冲压专用钢板用钢	大多数生产高精度薄钢板,用于制造深冲压和深拉延制品,如汽车用深冲板、各种贮器、油桶、仪表板等;也用于制成管子、垫片及心部强度要求不高的渗碳和氰化零件,如套筒、短轴、离合器盘及电焊条
10	U20102	335	强度低(稍高于 08 钢),塑性、韧性很好,焊接性优良,无回火脆性;易冷热加工成型,淬透性很差,正火或冷加工后切削性能好	宜用冷轧、冷冲、冷镦、冷弯、热轧、热挤压、热镦等工艺成型,用于制造要求受力不大、韧性高的零件,如摩擦片、深冲器皿、汽车车身、弹体等
15	U20152	375	强度、硬度、塑性与 10F、10 钢相近。为改善其切削性能,需进行正火或水韧处理来适当提高硬度。淬透性、淬硬性低,韧性、焊接性好	用于制造受力不大,形状简单但韧性要求较高或焊接性能较好的中、小结构件、螺钉、螺栓、拉杆、起重钩、焊接容器等

续表 5-10

牌号	统一数字代号	R_m/MPa	性能特点	用途举例
20	U20202	410	强度硬度稍高于15F、15钢,塑性、焊接性都好,热轧或正火后韧性好	用于制作不太重要的中、小型渗碳、碳氮共渗件、锻压件,如杠杆轴、变速箱、变速叉、齿轮、重型机械拉杆、钩环等
25	U20152	450	具有一定强度、硬度,塑性和韧性好,焊接性、冷塑性加工性较高,被切削性中等,淬透性、淬硬性差。淬火后、低温回火后强韧性好,无回火脆性	焊接件、热锻、热冲压件渗碳后用作耐磨件
30	U20302	490	强度、硬度较高,塑性好,焊接性尚好,可在正火或调质后使用,适于热锻、热压。被切削性良好	用于制作受力不大、温度<150 ℃的低载荷零件,如丝杆、拉杆、轴键、齿轮、轴套筒等,渗碳件表面耐磨性好,可作耐磨件
35	U20352	530	强度适当。塑性较好,冷塑性高,焊接性尚可。冷态下可局部镦粗和拉丝	淬透性低,正火或调质后使用,适于制造小截面零件,可承受较大载荷的零件,如曲轴、杠杆、连杆、钩环及各种标准件、紧固件
40	U20402	570	强度较高,可切削性良好,冷变形能力中等,焊接性差,无回火脆性,淬透性低,易生水淬裂纹	多在调质或正火态使用,两者综合性能相近,表面淬火后可用于制造承受较大应力件,适于制造曲轴、心轴、传动轴、活塞杆、连杆、链轮、齿轮等,作焊接件时需先预热,焊后缓冷
45	U20452	600	最常用的中碳调质钢,综合力学性能良好,淬透性低,水淬时易生裂纹	小型件宜采用调质处理,大型件宜采用正火处理。主要用于制造强度高的运动件,如透平机叶轮、压缩机活塞、轴、齿轮、齿条、蜗杆等。作焊接件时应注意焊前预热,焊后消除应力退火
50	U20202	630	高强度中碳结构钢,冷变形能力低,可切削性中等;焊接性差,无回火脆性,淬透性较低,水淬时易生裂纹	使用状态:正火,淬火后回火,高频表面淬火,适用于制造在动载荷及冲击作用不大的条件下耐磨性高的机械零件,如锻造齿轮、拉杆、轧辊、轴摩擦盘、机床主轴、发动机曲轴、农业机械犁铧、重载荷心轴及各种轴类零件等,以及较次要的减振弹簧、弹簧垫圈等
55	U20552	645	具有高强度和硬度,塑性和韧性差,被切削性中等,焊接性差,淬透性差,水淬时易淬裂	在正火或调质处理后使用,适于制造高强度、高弹性、高耐磨性机件,如齿轮、连杆、轮圈、轮缘、机车轮箍、扁弹簧、热轧轧辊等
60	U20602	675	具有高强度、高硬度和高弹性;冷变形时塑性差,可切削性能中等,焊接性不好,淬透性差,水淬易生裂纹	大型件用正火处理。适于制造轧辊、轴类、轮箍、弹簧圈、减振弹簧、离合器、钢丝绳等

续表 5-10

牌号	统一数字代号	R_m /MPa	性能特点	用途举例
65	U20652	695	适当热处理或冷作硬化后具有较高强度与弹性；焊接性不好，易形成裂纹，不宜焊接；可切削性差，冷变形塑性低，淬透性不好，一般采用油淬，大截面件采用水淬油冷，或正火处理。其特点是在相同组态下其疲劳强度可与合金弹簧钢相当	宜用于制造截面及形状简单、受力小的扁形或螺形弹簧零件，如气门弹簧、弹簧环等，也宜用于制造高耐磨性零件，如轧辊、曲轴、凸轮及钢丝绳等
70	U20702	705	强度和弹性比 65 钢稍高，其他性能与 65 钢近似	适于制造弹簧、钢丝、钢带、车轮圈等
75	U20752	1080	性能与 65 钢、70 钢相似，但强度较高而弹性较低，其淬透性亦不高	通常在淬火、回火后使用，如用于制造板弹簧、螺旋弹簧、抗磨损零件、较低速车轮等
80	U20802	1080		
85	U20852	1130	含碳量最高的高碳结构钢，强度、硬度比其他高碳钢高，但弹性略低，其他性能与 65、70、75、80 钢相近	淬透性仍然不高，适于制造铁道车辆、扁形板弹簧、圆形螺旋弹簧、钢丝钢带等
15 Mn	U21152	410	含锰（w_{Mn} = 0.70%～1.00%）较高的低碳渗碳钢，因含锰较高，故其强度、塑性、可切削性和淬透性均比 15 钢稍高，渗碳与淬火时表面形成软点较少，宜进行渗碳、碳氮共渗处理，得到表面耐磨而心部韧性好的综合性能	热轧或正火处理后韧性好，适于制造齿轮、曲柄轴、支架、铰链、螺钉、螺母、铆焊结构件等。板材适于制造油罐及寒冷地区农具，如奶油罐等
20 Mn	U21202	450	其强度和淬透性比 15Mn 钢略高，其他性能与 15Mn 钢相近	与 15Mn 钢基本相同
25 Mn	U21252	490	性能与 20Mn 及 25 钢相近，强度稍高	与 20Mn 及 25 钢相近
30 Mn	U21302	540	与 30 钢相比具有较高的强度和淬透性，冷变形时塑性好，焊接性中等，可切削性良好。热处理时有回火脆性倾向及过热敏感性	适于制作螺栓、螺母、螺钉、拉杆、杠杆、小轴、刹车机齿轮
35 Mn	U21352	560	强度及淬透性比 30Mn 高，冷变形时的塑性中等；可切削性好，但焊接性较差	宜调质处理后使用，适于制作转轴、啮合杆、螺栓、螺母、螺钉等，心轴、齿轮等
40 Mn	U21402	590	淬透性略高于 40 钢。热处理后，其强度、硬度、韧性比 40 钢稍高，冷变形时塑性中等，可切削性好，焊接性低，具有过热敏感性和回火脆性，水淬易裂	适于制作耐疲劳件、曲轴、辊子、轴、连杆及高应力下工作的螺钉、螺母等

续表 5-10

牌号	统一数字代号	R_m/MPa	性能特点	用途举例
45 Mn	U21452	620	中碳调质结构钢，调质后具有良好的综合力学性能。淬透性、强度、韧性比 45 钢高，可切削性尚好，冷变形时塑性低，焊接性差，具有回火脆性倾向	适于制作转轴、心轴、花键轴、汽车半轴、万向接头轴、曲轴、连杆、制动杠杆、啮合杆、齿轮、离合器、螺栓、螺母等
50 Mn	U21502	645	性能与 50 钢相近，但其淬透性较高，热处理后强度、硬度、弹性均稍高于 50 钢。焊接性差，具有过热敏感性和回火脆性倾向	用于制作承受高应力零件及高耐磨零件，如齿轮、齿轮轴、摩擦盘、心轴、平板弹簧等
60 Mn	U21602	695	强度、硬度、弹性和淬透性比 60 钢稍高，退火态可切削性良好、冷变形时塑性和焊接性差，具有过热敏感性和回火脆性倾向	适于制作大尺寸螺旋弹簧、板簧、各种圆扁弹簧，弹簧环、片、冷拉钢丝及发条
65 Mn	U21652	735	强度、硬度、弹性和淬透性均比 65 钢高，具有过热敏感性和回火脆性倾向，水淬有形成裂纹倾向；退火态可切削性尚可，冷变形时塑性低，焊接性差	适于制作受中等载荷的板弹簧、直径达 7~20 mm 的螺旋弹簧及弹簧垫圈、弹簧环，制造高耐磨性零件，如磨床主轴、弹簧卡头、精密机床丝杆、犁、切刀、螺旋辊子轴承上的套环、铁道钢轨等
70 Mn	U21702	785	性能与 70 钢相近，但淬透性稍高，热处理后其强度、硬度、弹性均比 70 钢好，具有过热敏感性和回火脆性倾向，易脱碳及水淬时形成裂纹倾向、冷塑性时变形能力差	适于制造承受大应力、磨损条件下工作的零件，如各种弹簧圈、弹簧垫圈、止推环、锁紧圈、离合器盘等

三、非合金工具钢

非合金工具钢又称碳素工具钢，是指适宜于制作各种小型工模具的高碳非合金钢。碳素工具钢的加工性良好，价格低廉，使用范围广泛，所以它在工具生产中用量较大。碳素工具钢分为优质钢和高级优质钢，一般以退火状态交货，根据需方要求也可以不退火状态交货。

碳素工具钢的碳含量范围为 0.65% ~ 1.35%，硬度高、耐磨性好，易于冷、热加工，但红硬性较差，淬透性低。

碳素工具钢的牌号、性能和用途见表 5-11。

表 5-11 碳素工具钢的牌号、成分、性能和用途

牌号	性能特点	用途
T7	为亚共析钢,淬火回火后具有较高的强度和韧性,且有一定的硬度,但热硬性低、淬透性差、淬火变形大	用于制造能承受振动和撞击、要求较高韧性但切削性能要求不太高的工具,如凿子、冲头等小尺寸风动工具,木工用锯和凿,简单胶木模、锻模、剪刀、手锤、镰刀等
T8	为共析钢,淬火回火后具有较高的硬度和耐磨性,但热硬性低,淬透性差、加热时容易过热,变形也大,塑性强度也较低	用于不受大冲击、需要较高硬度和耐磨性的工具,如简单的模子和冲头、切削软金属的刀具,木工用的铣刀和斧、凿、錾、圆锯片以及钳工装配工具、虎钳钳口等
T8Mn	性能同T8近似,但因加入了锰,淬透性较好,淬硬层较深	用途同T8,但可制造断面较大的工具
T9	性能同T8,但因碳含量较高一些,故硬度和耐磨性较高,韧性较差	用于制作硬度较高、有一定韧性但不受剧烈震动冲击的工具,如中心铣、冲模、冲头、木工切削工具以及饲料机刀片、凿岩石凿子等
T10	为过共析钢,在淬火加热时不易过热,仍保持细晶粒。韧性尚可,强度及耐磨性均较T7、T9高些,但热硬性低,淬透性仍然不高,淬火变形大	这种钢应用较广,适于制造切削条件较差、耐磨性要求较高且不受突然和剧烈冲击振动而需要一定的韧性及具有锋利刃口的各种工具,如车刀、刨刀、钻头、丝锥、扩孔刀具、螺丝锯牙、铣刀手锯锯条、小尺寸冷切边模及冲孔模,低精度而形状简单的量具(如卡板等),也可用于制作不受较大冲击的耐磨零件
T11	为过共析钢,其碳含量介于T10、T12之间,具有较好的综合力学性能	用途与T10钢基本相同,但不如T10钢广泛
T12	含碳高、耐磨性好,但脆性较大	用于制作不受冲击的各种工具和耐磨零件,如车刀、铣刀、丝锥、扳牙、锉刀、刮刀以及小的冷切边模、冲孔模等。
T13	是碳素工具钢中碳含量最高的钢种,耐磨性最高,也最脆	用途与T12基本相同,适于制作切削高硬度材料的刀具和加工坚硬岩石的工具,如锉刀、刻刀、拉丝模具、雕刻工具等。受冲击而要求极高耐磨性的机械零件

四、铸造碳钢

在实际生产中,有一些要求高强度、形状复杂的零件,很难用锻压、焊接方法成型,用铸铁材料又难以满足使用性能要求,因此此类零件必须采用铸钢件。特别是近年来随着铸造技术的进步、精密铸造的发展,铸钢件在组织、性能、精度和表面粗糙度等方面都已接近锻钢件,可在不经切削加工或只需少量切削加工后使用,能大量节约钢材和成本,因此铸钢得到了更加广泛的应用。

铸钢含碳量在 0.15%~0.60% 之间。若碳的质量分数过高,则钢的塑性变差,在铸造时易产生裂纹。

铸钢的牌号:ZG×××-×××。后面的两组数字,第一组表示屈服强度,第二组表示抗拉强度。例如 ZG200-400,表示 R_{eL} = 200 MPa、R_m = 400 MPa 的铸造碳钢。

铸钢一般均需热处理。它与铸铁相比,铸造性能相对较差,但力学性能优良。铸钢的组织特点是晶粒粗大、偏析严重、铸造内应力大。为了消除或减轻这些铸钢组织中的缺陷,应对铸钢件进行完全退火或正火,细化晶粒,消除铸造内应力,从而改善铸钢的力学性能。此

外，对某些局部表面要求耐磨的中碳钢铸件，可采用局部表面淬火，如铸钢大齿轮，可逐齿进行火焰淬火。较小的中碳铸钢件，可采用调质以改善其力学性能。工程用铸造碳钢的牌号、成分、性能和用途见表 5-12。

表 5-12 工程用铸造碳钢的牌号、成分、性能和用途

牌号	化学成分/%					性能				用途
	C	Si	Mn	S	P	R_{eL}/MPa	R_m/MPa	A/%	A_K/J	
ZG200-400	0.20	0.50	0.80			200	400	25	30	良好的塑性、韧性和焊接性，用于制造受力不大的机械零件，如机座、变速箱壳等
ZG230-450	0.30	0.50	0.90			230	450	22	25	一定的强度和良好的塑性、韧性，焊接性良好。用于制造受力不大、韧性好的机械零件，如外壳、轴承盖、阀体等
ZG270-500	0.40	0.50	0.90	0.04	0.04	270	500	18	22	较高的强度和较好的塑性。铸造型良好，焊接性尚好，切削性好。用于制造轧钢机机架、轴承座、连杆、箱体、曲轴、缸体等
ZG310-570	0.50	0.60	0.90			310	570	15	15	强度和切削性良好，塑性、韧性较低。用于制造载荷较高的大齿轮、缸体、制动轮、辊子等
ZG340-640	0.60	0.60	0.90			340	640	10	10	有高的轻度和耐磨性，切削性好，焊接性较差，流动性好，裂纹敏感性较大。用于制作齿轮、棘轮等

第四节 低合金钢

按照 GB11344—2008 的规定，低合金钢是指含有合金元素且合金元素含量在规定范围内的钢，其合金元素总含量不超过 5%（一般不超过 3%）。低合金钢包括可焊接的低合金高强度钢、低合金耐候钢和低合金专业用钢（如铁道用低合金钢、矿用低合金钢等）。

一、可焊接的低合金高强度结构钢

可焊接的低合金高强度结构钢是指在低碳钢中添加少量合金元素，使热机械轧制状态或正火轧制状态的屈服强度超过 275MPa 的低合金工程结构钢。目前，新型的低合金高强度钢

以低碳（≤0.1%）和低硫（≤0.015%）为主要特征，主加合金元素为锰。低合金高强度结构钢以钢板、钢带、型钢、钢棒等形式供货。

(一) 牌　号

按照 GB1591—2008 的规定，低合金高强度钢的牌号由代表屈服强度的汉语拼音字母（Q）、屈服强度数值、质量等级符号（A、B、C、D、E）三个部分组成。例如：Q390D。其中：

Q——钢材屈服点的"屈"字汉语拼音的首位字母。

390——屈服点数值，单位为 MPa。

D——质量等级为 D 级。

(二) 性能特点

低合金高强度钢具有较高的强度、屈强比和足够的塑性、韧性及低温韧性，其屈服强度一般在 300 MPa 以上，比相同碳质量分数的碳钢高 25%~50%；断后伸长率 $A = 15\%~23\%$，冲击韧度 $\alpha_K \geq 60~80$ J/mm^2，-40 ℃ 时 $\alpha_K \geq 35$ J/mm^2。

低合金高强度钢具有良好的焊接性和冷、热塑性加工性能，不易在焊缝处出现淬火组织或裂纹。

低合金高强度钢具有一定的耐蚀性能。由于 Al、Cr、Cu、P 等元素的作用，低合金高强度结构钢比碳素结构钢具有更强的在各种大气条件下的耐蚀性能。

低合金高强度钢大多在热轧空冷状态下使用，考虑到零件加工特点，有时也可在正火、"正火 + 高温回火"或冷塑性变形状态下使用。对于厚度超过 20 mm 的钢板，为使其组织和性能稳定，最好进行正火处理。低合金高强度钢广泛用于建筑、石油、化工、铁道、桥梁、船舶等工业。

低合金高强度钢的牌号、性能、用途见表 5-13。

表 5-13　低合金高强度钢的牌号、性能、用途 (摘自 GB/T1591—2008)

牌号	质量等级	力学性能		应用举例
		下屈服强度 R_{eL}/MPa	断后伸长率 A/%	
Q345	A、B、C、D、E	≥345	≥20	用于制造船舶、桥梁、起重机械、矿山机械、铁路车辆、管道、压力容器、石油储罐、电站设备、厂房钢架等
Q390	A、B、C、D、E	≥390	≥20	
Q420	A、B、C、D、E	≥420	≥19	
Q460	C、D、E	≥460	≥17	
Q500	C、D、E	≥500	≥17	
Q550	C、D、E	≥550	≥16	
Q620	C、D、E	≥620	≥15	
Q690	C、D、E	≥690	≥14	

注：表中下屈服强度数值是钢板厚度≤16 mm 时的数值；表中断后伸长率数值是钢板厚度≤40 mm 时的数值，质量为 D、E 级的 Q345 要求 $A \geq 21\%$。

二、低合金耐候钢

耐候钢是指通过添加少量合金元素如 Cu、P、Cr、Ni 等，使其在金属基体表面形成保护层，以提高耐大气腐蚀的钢。耐候钢通常是低合金工程结构钢，分为高耐候钢和焊接耐候钢。低合金耐候钢以钢板、钢带、型钢等形式供货。

(一) 牌　号

按照 GB4171—2008 的规定，低合金耐候钢的牌号由"屈服强度"、"高耐候"或"耐候"的汉语拼音首位字母"Q"、"GNH"或"NH"、屈服强度下限值以及质量等级符号（A、B、C、D、E）组成。

例如，Q355GNHC，其中：

Q——屈服强度中"屈"字汉语拼音的首位字母。

355——屈服强度下限值，单位为 MPa。

GNH——分别为"高"、"耐"和"候"字汉语拼音的首位字母。

C——质量等级为 C 级。

(二) 性能特点及应用

低合金耐候钢是介于普通钢和不锈钢之间的低合金钢系列，具有良好的强韧性、抗疲劳性能和良好的耐候性、焊接性能。与普通钢相比，耐候钢在大气中具有更优良的抗蚀性能，耐候性为普通钢的 2~8 倍；与不锈钢相比，耐候钢只含有微量的合金元素，价格较为低廉。

耐候钢主要用于铁道、车辆、桥梁、塔架等长期暴露在大气中使用的钢结构，也用于制造集装箱、铁道车辆、石油井架、海港建筑、采油平台及化工石油设备中含硫化氢腐蚀介质的容器等结构件。低合金耐候钢的牌号性能和应用见表 5-14。

表 5-14　低合金耐候钢的牌号、性能和应用 (摘自 GB/T4171—2008)

类别	牌号	力学性能		生产方式	用途
		下屈服强度 R_{eL}/MPa	断后伸长率 A/%		
高耐候钢	Q265GNH	≥265	≥27	热轧	主要用于制造车辆、集装箱、建筑、塔架等，与焊接耐候钢性比，具有较好的耐大气腐蚀性
	Q310GNH	≥310	≥26		
	Q295GNH	≥295	≥24	冷轧	
	Q355GNH	≥355	≥22		
焊接耐候钢	Q235NH	≥235	≥25	热轧	主要用于制造车辆、桥梁、集装箱、建筑、塔架等，与高耐候钢性比，具有较好的焊接性能
	Q295NH	≥295	≥24		
	Q355NH	≥355	≥22		
	Q415NH	≥415	≥22		
	Q460NH	≥460	≥20		
	Q500NH	≥500	≥18		
	Q550NH	≥550	≥16		

注：表中下屈服强度数值、断后伸长率数值是钢板厚度≤16 mm 时的数值。

第五节 合金钢

合金钢按其主要特性或使用特性不同，分为工程结构用合金钢、机械结构用合金钢、轴承钢、不锈钢、耐热钢、工具钢、特殊物理性能钢、其他用钢等。

一、合金钢的牌号

(一) 合金结构钢的牌号

GB/T221—2008 规定，合金结构钢的牌号由四部分组成：

第一部分：用两位阿拉伯数字表示平均碳含量（以万分之几计）。

第二部分：合金元素含量，以化学元素符号和阿拉伯数字表示，具体表示方法为：平均含量小于 1.5% 时，牌号中仅标明元素，不标明含量；当 w_{Me} = 1.5%～2.49%、2.5%～3.49%、3.5%～4.49%…时，在合金元素符号后面相应写成 2、3、4…

第三部分：钢的冶金质量，即高级优质钢、特殊质量钢分别以 A、E 表示，优质钢不用字母表示。

第四部分（必要时）：产品用途、特性或工艺方法符号，见表 5-15。

表 5-15　产品用途、特性或工艺方法符号

产品名称	采用字母	位置
锅炉和压力容器用钢	R	牌号尾
锅炉用钢（管）	G	牌号尾
低温压力容器用钢	DR	牌号尾
桥梁用钢	Q	牌号尾
耐候钢	NH	牌号尾
高耐候钢	GNH	牌号尾
汽车大梁用钢	L	牌号尾
高性能建筑结构用钢	GJ	牌号尾
低焊接裂纹敏感性钢	CF	牌号尾
保证淬透性钢	H	牌号尾
矿用钢	K	牌号尾

例如：20CrMnTi，表示平均碳含量为 0.2%、平均铬含量小于 1.5%、平均镍含量小于 1.5% 的合金渗碳钢；40Cr，表示平均碳含量为 0.4%、平均铬含量小于 1.5% 的合金调质钢；60Si2Mn，表示平均碳含量为 0.6%、平均硅含量为 2%、平均锰含量小于 1.5% 的合金弹簧钢。

(二) 合金工具钢和高速工具钢的牌号

1. 合金工具钢的牌号

GB/T221—2008 规定，合金工具钢的牌号由两部分组成：

第一部分：平均碳含量小于 1.00% 时，采用一位阿拉伯数字表示碳含量（以千分之几计）；平均碳含量不小于 1.00% 时，不标明碳含量数字。

第二部分：合金元素含量，以化学元素符号和阿拉伯数字表示，具体表示方法同合金结构钢第二部分（即平均含量小于 1.5% 时，牌号中仅标明元素，不标明含量；当 w_{Me} = 1.5% ~ 2.49%、2.5% ~ 3.49%、3.5% ~ 4.49%…时，在合金元素符号后面相应写成 2、3、4…）。低铬（平均铬含量小于 1%）合金工具钢，在铬含量（以千分之几计）前加数字"0"。

2. 高速工具钢的牌号

GB/T221—2008 规定，高速工具钢的牌号表示方法与合金结构钢相同，但在牌号头部一般不标明碳含量的阿拉伯数字。为了区分牌号，在牌号头部加"C"表示高碳高速工具钢。

例如：W18Cr4V，表示钨平均含量为 18%、铬平均为 4%、钒的含量低于 1.5% 的高速工具钢；CW6Mo5Cr4V2，表示钨平均含量为 6%、钼平均含量为 5%、钒平均含量为 2% 的高碳高速工具钢。

(三) 不锈钢和耐热钢的牌号

GB/T221—2008 规定，不锈钢和耐热钢的牌号用"碳含量+合金元素及含量"表示。碳含量只规定上限者，用两位数字表示碳含量的万分之几，当碳含量上限不大于 0.10% 时，以其上限的 3/4 表示，当碳含量上限大于 0.10% 时，以其上限的 4/5 表示。对于超低碳不锈钢（碳含量不大于 0.030%），用三位数字表示碳含量的十万分之几，碳含量上限为 0.030% 时，以"022"表示；碳含量上限为 0.020% 时，以"015"表示；碳含量同时规定上下限者，以平均含碳量×100 表示。合金元素及含量以化学元素符号和阿拉伯数字表示，表示方法与合金结构钢牌号中合金元素及含量表示方法相同，即：合金元素含量低于 1.50% 时，仅标元素符号；当 w_{Me} = 1.5% ~ 2.49%、2.5% ~ 3.49%、3.5% ~ 4.49%…时，在合金元素符号后面相应写成 2、3、4…。

例如：06Cr19Ni10，表示碳含量不大于 0.08%、铬平均含量为 19%、镍平均含量为 10% 的不锈钢；022Cr18Ti，表示碳含量不大于 0.030%、铬平均含量为 18%、钛平均含量低于 1.5% 的不锈钢；20Cr15Mn15Ni2N，表示碳平均含量为 0.2%、铬平均含量为 15%、锰平均含量为 15%、镍平均含量为 2%、氮平均含量低于 1.5% 的不锈钢；20Cr25Ni20，表示碳平均含量为 0.2%、铬平均含量为 25%、镍平均含量为 20% 的耐热钢。

(四) 轴承钢的牌号

1. 高碳铬轴承钢的牌号

在牌号头部加符号"G"("滚"字汉语拼音首位字母)表示轴承钢,但不标明含碳量,后面为化学符号"Cr"和铬含量(以千分之几计)。例如,GCr15,表示铬平均含量为 1.5% 的滚动轴承钢。

2. 渗碳轴承钢的牌号

采用合金结构钢的牌号表示方法,另在牌号头部加符号"G"。例如,G20CrNiMo,表示 $w_C = 0.20\%$,Cr、Ni 和 Mo 的含量均 ≤1.50% 的滚动轴承钢。高级优质渗碳轴承钢,在牌号尾部加"A"。例如,G20CrNiMoA,表示 $w_C = 0.20\%$,Cr、Ni 和 Mo 的含量均 ≤1.50%、高级优质的滚动轴承钢。

3. 不锈轴承钢和高温轴承钢的牌号

采用不锈钢和耐热钢的牌号表示方法,牌号头部不加符号"G"。例如,高碳铬不锈轴承钢"9Cr18"和高温轴承钢"10Cr14Mo"。其牌号的详细情况请参阅 GB/T221—2008。

二、机械结构用合金钢

(一) 表面硬化合金结构钢

表面硬化合金结构钢也称合金渗碳钢,是指经过渗碳热处理后使用的低碳合金结构钢,具有外硬内韧的特点,用于承受冲击的耐磨件,如汽车、拖拉机中的变速齿轮,内燃机上的凸轮轴、活塞销等。

1. 成分特点

低碳,一般 $w_C = 0.10\% \sim 0.25\%$,以保证零件心部具有足够的塑性、韧性。主要合金元素是 Cr,还可加入 Ni、Mn、B、W、Mo、V、Ti 等,其中,Cr、Ni、Mn、B 的主要作用是提高淬透性,使大尺寸零件淬火后心部得到低碳马氏体组织,以提高强度和韧性;少量的 W、Mo、V、Ti 能形成细小、难溶的碳化物,以阻止渗碳过程中高温、长时间保温条件下晶粒长大。

2. 热处理工艺

预先热处理为正火,其目的是为了改变锻造状态的不正常组织,获得合适的硬度以利于切削加工。最终热处理一般是渗碳后淬火加上低温回火,使表层获得高碳回火马氏体加碳化物,表面硬度一般为 58~64 HRC;而心部组织则视钢的淬透性高低及零件尺寸的大小而定,可得到低碳回火马氏体或其他非马氏体组织,心部具有良好的强韧性。

合金渗碳钢按淬透性分为低淬透性合金渗碳钢、中淬透性合金渗碳钢、高淬透性合金渗碳钢。常用合金渗碳钢的牌号、热处理、力学性能与用途见表 5-16。

表 5-16　常用合金渗碳钢的牌号、热处理、力学性能与用途 (摘自 GB/T3077—1999)

类别	牌　号	统一数字代号	力学性能（不小于）				用　　途
			R_m/MPa	R_{eL}/MPa	A/%	A_K/J	
低淬透性	15Cr	A20152	735	490	10	55	截面不大、心部要求较高强度和韧性、表面承受磨损的零件，如齿轮、凸轮、活塞、活塞环、联轴器、轴等
	20Cr	A20202	835	540	10	47	截面在 30 mm 以下、形状复杂、心部要求较高强度、载荷不大、工作表面承受磨损的零件，如机床变速箱齿轮、凸轮、蜗杆、活塞销等
	20MnV	A01202	785	590	10	55	锅炉、高压容器、大型高压管道等较高载荷的焊接结构件，使用温度上限 450～475 ℃，亦可用于冷拉、冷冲压零件，如活塞销、齿轮等
中淬透性	20CrNi3	A42202	930	735	11	78	在高载荷条件下工作的齿轮、蜗杆、轴、螺杆、双头螺柱、销钉等
	20CrMnTi	A26202	1 080	850	10	55	汽车、拖拉机截面在 30 mm 以下，承受高速、中或重载荷以及受冲击、摩擦的重要渗碳件，如齿轮、轴、齿轮轴、爪形离合器、蜗杆等
	20MnVB	A73202	1 080	885	10	55	模数较大、载荷较重的中小渗碳件，如重型机床上的齿轮、轴，汽车后桥主动、被动齿轮等淬透性件
高淬透性	20Cr2Ni4	A43202	1 080	835	10	71	大截面渗碳件，载荷较高、缺口敏感性低的重要零件，如重型载重车、坦克的齿轮等
	18Cr2Ni4WA	A52183	1 180	930	10	78	大截面、高强度、良好韧性的重要渗碳件，如大截面的齿轮、传动轴、曲轴、花键轴、活塞销、精密机床上控制进刀的蜗轮等

（二）调质处理合金结构钢

调质处理合金结构钢也称合金调质钢，是指经调质处理后使用的中碳合金结构钢，主要用于制造在多种载荷（如扭转、弯曲、冲击等）下工作、受力比较复杂、要求具有良好综合力学性能的重要零件，如汽车、拖拉机、机床等所用的齿轮、机床主轴，汽车、拖拉机的后桥半轴、柴油发动机的曲轴、连杆、高强度螺栓等。它是机械结构用合金钢的主体。

1. 成分特点

合金调质钢为中碳成分,碳的质量分数 $w_C = 0.25\% \sim 0.50\%$,以保证调质处理后具有良好的综合力学性能。主加合金元素有 Cr、Ni、Mn、Si、B 等,能提高淬透性和强化钢材,而加入少量的 W、Mo、V、Ti 等元素可形成稳定的合金碳化物,阻止奥氏体晶粒长大,起细化晶粒及防止回火脆性的作用。

2. 热处理工艺

合金调质钢零件的预先热处理为退火或正火,一般采用正火。合金调质钢零件的最终热处理通常为调质处理;对于某些要求综合力学性能良好,局部要求高硬度、高耐磨性的零件,可在调质后进行局部表面淬火或调质后氮化处理。合金调质钢淬火一般都用油淬,淬透性特别高时甚至可以空冷,这样能减少热处理缺陷。为防止第二类回火脆性,回火后快速冷却(水冷或油冷)有利于韧性的提高。

合金调质钢按淬透性分为低淬透性调质钢、中淬透性调质钢、高淬透性调质钢三类。常用合金调质钢的牌号、力学性能与用途见表 5-17。

表 5-17 常用合金调质钢的牌号、热处理、力学性能及用途 (摘自 GB/T3077—1999)

类别	牌号	统一数字代号	力学性能(不小于)				用途
			R_m/MPa	R_{eL}/MPa	A/%	A_K/J	
低淬透性	40Cr	A20402	980	785	9	47	是应用最广泛的合金调质钢,主要用于较为重要的中小型调质件,如机床齿轮、汽车后半轴、花键轴、顶尖套等
低淬透性	40MnB	A71402	980	785	10	47	代替40Cr钢制造中、小截面重要调质件等
中淬透性	35CrMo	A30352	980	835	12	63	适用于制造截面较大、载荷较重的调质件和较为重要的中型调质件,如汽轮机的转子、重型汽车的曲轴、大电机轴等
中淬透性	38CrMoAl	A33382	980	835	14	71	主要用于制造尺寸精确、表面耐磨性要求很高的中小型调质件,如精密磨床主轴、精密镗床丝杠、精密齿轮、高压阀门、压缩机活塞杆等
高淬透性	37CrNi3	A42372	1130	980	10	47	用于制造重载、受冲击、截面较大的零件,或低温、受冲击的零件,或热锻、热冲压的零件,如转子轴、叶轮、重要的紧固件等
高淬透性	40CrNiMoA	A50403	980	835	12	78	适宜于制作重载、大截面的重要调质件,如挖掘机传动轴、卷板机轴、汽轮机轴等

(三) 合金弹簧钢

在各种机器设备中(仪器、仪表),弹簧的主要作用是吸收冲击能量,缓和机械的振动和冲击作用,此外,弹簧还可储存能量。弹簧钢是指用于制造各种弹簧或其他弹性零件的钢种。

中碳钢和高碳钢都可作弹簧使用，但因其淬透性和强度较低，只能用来制造截面较小、受力较小的弹簧。合金弹簧钢则可制造截面较大、屈服极限较高的重要弹簧。合金弹簧钢必须具有高的屈服强度和屈强比、弹性极限、抗疲劳性能，以保证弹簧有足够的弹性变形能力并能承受较大的载荷。同时，合金弹簧钢还要求具有一定的塑性与韧性及一定的淬透性，不易脱碳及不易过热。一些特殊弹簧还要求有耐热性、耐蚀性或在长时间内有稳定的弹性。

1. 成分特点

合金弹簧钢为中、高碳，一般 $w_C = 0.5\% \sim 0.7\%$，以满足高弹性、高强度的性能要求。加入的合金元素主要是 Si、Mn、Cr，作用是强化铁素体、提高淬透性和耐回火性。但加入过多的 Si 会造成钢在加热时表面容易脱碳，加入过多的 Mn 容易使晶粒长大。加入少量的 V 和 Mo 可细化晶粒，从而进一步提高强度并改善韧性。此外，它们还有进一步提高淬透性和耐回火性的作用。

2. 热处理工艺

为了保证弹簧具有较高的强度和足够的韧性，弹簧的热处理通常采用"淬火＋中温回火"。对热成形弹簧，可采用热成形余热淬火，对热冷成形的弹簧，有时可省去淬火、中温回火工艺，成形后只需进行 200～300 ℃ 的去应力退火即可。弹簧钢热处理后通常进行喷丸处理，其目的是在弹簧表面产生残余压应力，以提高弹簧的疲劳强度。

常用合金弹簧钢的牌号、热处理、力学性能及用途，见表 5-18。

表 5-18 常用合金弹簧钢的牌号、热处理、力学性能与用途 (摘自 GB/T1222—2007)

类别	牌号	统一数字代号	力学性能（不小于）			用途
			R_m/MPa	R_{eL}/MPa	Z/%	
硅锰系	55SiMnVB	A77552	1375	1225	30	60Si2Mn 钢是应用最广泛的合金弹簧钢，其生产量约为合金弹簧钢产量的 80%。适于制造厚度小于 10mm 的板簧和截面尺寸小于 25mm 的螺旋弹簧，在重型机械、铁道车辆、汽车、拖拉机上都有广泛的应用
	60Si2Mn	A11602	1275	1180	20	
硅铬系	60Si2CrA	A21603	1 765	1 570	20	用作承受高应力及 300～350℃ 以下的弹簧，如汽轮机汽封弹簧、破碎机用弹簧等
	60Si2CrVA	A28603	1860	1665	20	
铬锰系	55CrMnA	A22553	1 225	1 080	20	用作载荷的汽车、拖拉机的板簧和直径较大的螺旋弹簧
	60CrMnA	A22603	1 225	1 080	20	
铬钒系	50CrVA	A23503	1275	1130	40	常用于制作承重载荷、工作温度较高（＜400 ℃）及截面尺寸较大的弹簧，如阀门弹簧、活塞弹簧、安全阀弹簧等
	30W4Cr2VA	A27303	1 470	1 325	40	用作工作温度≤500 ℃ 的耐热弹簧，如锅炉的安全阀弹簧、汽轮机的汽封弹簧等

三、滚动轴承钢

用于制造滚动轴承套圈和滚动体的专用钢，称为滚动轴承钢。滚动轴承在工作中需承受强烈摩擦和很高的交变载荷，滚动体与内外圈之间的接触应力大，同时又工作在润滑剂介质中。因此，滚动轴承钢具有高的抗压强度和抗疲劳强度，高硬度、高的耐磨性，有一定的韧性、塑性和耐蚀性，钢的内部组织、成分均匀，热处理后有良好的尺寸稳定性。

滚动轴承钢可分为高碳铬轴承钢、渗碳轴承钢、不锈轴承钢和高温轴承钢四大类，其中使用量最大的是高碳铬轴承钢。

(一) 高碳铬轴承钢

1. 成分特点

高碳铬轴承钢一般为高碳（w_C = 0.95% ~ 1.20%），以获得高强度、高硬度、高耐磨性；钢中合金元素有铬、钼、硅、锰。铬可提高钢的力学性能、淬透性和组织均匀性，还能增加钢的耐蚀能力；钼能取代钢中的铬，在增加钢的淬透性上，钼比铬强，所以已发展了高淬透性的含钼高碳铬轴承钢。制造大轴承时，用硅、锰提高淬透性，同时还要严格控制 P、S 含量。

2. 热处理工艺

轴承钢的预先热处理为球化退火。退火温度一般为 780 ~ 800 ℃，退火时要防止脱碳。如果轧制钢材存在过粗的网状渗碳体，则退火前需先进行正火处理。轴承钢的最终热处理为"淬火 + 低温回火"，铬轴承钢通常在 830 ~ 860 ℃ 之间加热、油淬，150 ~ 180 ℃ 回火。对于精密轴承，为了提高轴承使用过程中的尺寸稳定性，淬火后通常进行冷处理，然后再低温回火，且磨削后再在 120 ~ 140 ℃ 下进行长时间的稳定化处理。

常用高碳铬轴承钢的牌号、热处理、性能及用途见表 5-19。

表 5-19 常用高碳铬轴承钢的牌号、热处理、性能及用途（摘自 GB/T18254—2002）

牌号	统一数字代号	热处理			用 途
		淬火温度/℃	回火温度/℃	回火后硬度/HRC	
GCr4	B00040	850 ~ 870 表面淬火	150 自回火	表面 60 ~ 66 心部 35 ~ 45	用于制造承受高冲击载荷条件下工作的铁路用轴承内套、轧机轴承等
GCr15	B00150	825 ~ 845	150 ~ 170	62 ~ 66	制造高转速、高载荷的大型机械用轴承的钢球、套圈；也可制造精密量具、冷冲模和一般刀具等
GCr15SiMn	B01150	820 ~ 840	150 ~ 180	≥62	
GCr15SiMo	B03150	850 ~ 860	170 ~ 190	≥62	大型轴承或特大轴承的滚动体和内、外套圈
GCr15Mo	B02180	850 ~ 865	160 ~ 200	≥63	用于制造尺寸较大如高速列车轴承、轧机轴承的套圈、滚动体

(二) 渗碳轴承钢

渗碳轴承钢是指某些低碳的合金渗碳钢，如 G20CrMo、G20CrNiMo、G20Cr2Mn2Mo 等，经"渗碳+淬火+低温回火"后，表层具有高硬度和高耐磨性，心部保持高的强韧性，同时表面处于压应力状态，这对提高疲劳寿命有利，主要用于制造工作温度低于 100 ℃ 的大型轧机、发电机及矿山机械等所用的、在极高的接触应力下工作、频繁地经受冲击和磨损的大型（外径大于 450 mm）轴承。

(三) 不锈轴承钢

在各种腐蚀环境中工作的轴承必须有高的耐腐蚀性能，一般铬质量分数的轴承钢已不能胜任，因此发展了高碳高铬不锈轴承钢，如 9Cr18、9Cr18Mo 等，铬是此类钢的主要合金元素。不锈轴承钢主要用于制造化学、石油、造船等工业装备中的轴承。

(四) 高温轴承钢

高温轴承钢是指添加了强碳化物形成元素，具有足够高的高温硬度、高温耐磨性、高温接触疲劳强度、抗氧化性和高温尺寸稳定性，能在高温环境中工作的轴承钢。例如，航空发动机、航天飞行器、燃气轮机等装置中的轴承是在高温、高速和高负荷条件下工作的，其工作温度在 300 ℃ 以上，要求具有足够高的高温硬度、高温耐磨性、高温接触疲劳强度及高的抗氧化性、高温抗冲击性能和高温尺寸稳定性等。

目前，高温轴承钢有两类：第一类是高速钢类轴承钢。用高速钢 W18Cr4V 和 W6Mo5Cr4V2 制作的轴承可以在 430 ℃ 下长期工作，此时的高温硬度大于 57HRC。Cr4Mo4V 是性能较好的高温轴承钢，其热处理工艺与性能具有高速钢的特点，因其含合金元素少，其高温硬度不如高速钢，但加工性能优于高速钢，主要用于制造航空发动机中的轴承，可以在 315 ℃ 温度下长期工作（此时高温硬度大于 57HRC），工作时间较短时可在 430 ℃ 温度下工作（高温硬度大于 54HRC）。第二类是高铬马氏体不锈钢。Cr14Mo4V 是在 9Cr18Mo 的基础上升 Mo 降 Cr 并加入少量 V 而形成，提高了钢的高温性能，钢的高温硬度较高，耐蚀性良好，因 V 量较少（$w_V \approx 0.15\%$），其耐磨性比 Cr4Mo4V 稍差，但加工性能更好，适宜制作承受中、低负荷，在 300 ℃ 下长期工作的轴承。

四、合金工具钢和高速工具钢

工具钢是用以制造切削刀具、量具、模具的钢。按照化学成分不同，工具钢分为非合金工具钢、合金工具钢和高速工具钢三类。

(一) 合金工具钢

合金工具钢是指钢中除了含较高碳之外，还含有 Cr、W、Mo、V、Si、Mn、Ni 等合金元素，适宜于制作各种工具、模具和量具的合金钢。由于 Cr、W、Mo、V、Si、Mn、Ni 等合金元素的作用，合金工具钢的淬硬性、淬透性、耐磨性和韧性均高于非合金工具钢，它主要用于制造量具、刃具、耐冲击工具和冷、热模具及一些特殊用途的工具。合金工具钢按其用途分为量具刃具钢、耐冲击工具钢、热作模具钢、冷作模具钢、无磁模具钢和塑料模具钢等。

1. 量具刃具钢

主要用于制造量具（如卡尺、千分尺、块规、样板等）及低速切削刃具（如木工工具、丝锥、板牙、铣刀、拉刀等）。量具刃具钢要求具有高硬度（62~65HRC）、高耐磨性、足够的强韧性、高的热硬性（即刃具在高温时仍能保持高的硬度）和良好的尺寸稳定性。

（1）成分特点

高碳，$w_C = 0.8\% \sim 1.50\%$，以保证高的硬度和耐磨性。主要合金元素有 Cr、Si、Mn、W 等，用以提高钢的淬透性、耐回火性、热硬性和耐磨性。

（2）热处理工艺

量具刃具钢的预先热处理为球化退火。最终热处理为"淬火 + 低温回火"，热处理后硬度达 60~65 HRC。高精度量具在淬火后可进行冷处理，以减少残余奥氏体量，从而增加其尺寸稳定性。为了进一步提高尺寸稳定性，淬火回火后，还可进行时效处理。

常用量具刃具钢的牌号、成分、热处理和用途见表 5-20。

表 5-20　常用量具刃具钢的牌号、成分、热处理和用途 (摘自 GB/T1299—2000)

牌号	统一数字代号	热处理		淬火后硬度/HRC	用途
		淬火温度/°C	冷却剂		
9SiCr	T30100	820~860	油	≥62	用于制作板牙、丝锥、钻头、铰刀、齿轮铣刀、拉刀等，还可做冷冲模、冷轧辊等
Cr06	T30060	780~810	水	≥64	用于制作剃刀、刀片、手术刀具以及刮片、刻刀等
Cr2	T30201	830~860	油	≥62	制作车刀、插刀、铰刀、钻套、量具、样板、偏心轮、拉丝模、大尺寸冷冲模等
9Cr2	T30100	820~850	油	≥62	主要用作冷轧辊、钢印、冲孔凿、冷冲模、冲头量具及木工工具等

2. 热作模具钢

热作模具包括热锻模、热挤压模和压铸模等。热作模具工作时除要承受巨大的机械应力和较高的冲击载荷外，还要承受反复受热和冷却而引起的很大的热应力，故要求热作模具钢除了应具有高的硬度、强度、红硬性、耐磨性和韧性外，还应具有良好的高温强度、耐疲劳性、导热性和耐蚀性，此外还要求具有较高的淬透性。

（1）成分特点

中碳，$w_C = 0.3\% \sim 0.6\%$，以获得较高的综合力学性能。合金元素有 Cr、Mn、Ni、Mo、

W、Si 等，其中 Cr、Mn、Ni 的主要作用是提高淬透性，W、Mo 能提高耐回火性并防止回火脆性，Cr、W、Mo、Si 还能提高钢的耐热疲劳性。

（2）热处理工艺

热锻模坯料锻造后需进行退火，以消除锻造应力，降低硬度，利于切削加工；最终热处理为淬火、高温（或中温）回火，回火后获得均匀的回火索氏体或回火托氏体，硬度约为 40 HRC 左右。

常用热作模具钢的牌号、热处理及用途见表 5-21。

表 5-21 常用热作模具钢的牌号、热处理及用途 (摘自 GB/T1299—2000)

牌号	统一数字代号	热处理			用途
		淬火温度/℃	回火温度/℃	淬火后硬度/HRC	
5CrMnMo	T20102	820~850	490~640	30~47	中小型热锻模
5CrNiMo	T20103	830~860	490~660	30~47	形状复杂、冲击载荷大的各种大、中型热锻模
3Cr2W8V	T20280	1075~1125	600~620	50~54	压铸模、平锻机上的凸模和凹模、镶块、铜合金挤压模等
4Cr5W2VSi	T20520	1030~1050	560~580	47~49	用于高速锤用模具与冲头、热挤压用模具及芯棒、压铸模等

3. 冷作模具钢

冷作模具包括冷冲模、冷镦模、冷挤压模、压弯模和拉丝模等。冷作模具在工作时，模具的工作部分承受很大的压力、强烈的摩擦和一定的冲击，因此，要求具有高硬度、耐磨性和较高的韧性，此外，形状复杂、精密、大型的模具还要求具有较高的淬透性和小的热处理变形。冷作模具种类较多，常用的冷作模具钢可分为碳素工具钢、低合金工具钢、高碳高铬钢、高速钢等。碳素工具钢，如 T8A、T10A、T12A 等，主要用于制造工作受力不大、形状简单、尺寸较小、变形要求不太严格的模具。低合金工具钢，如 9Mn2V、CrWMn、GCr15、9SiCr 等，用于制造工作受力较大、形状复杂或尺寸较大的模具。高碳高铬钢，如 Cr12、Cr12MoV、Cr6WV 等，主要用于制造要求高耐磨性、高淬透性和变形量小的高精度、重负荷模具。高速钢，如 W18Cr4V、W6Mo5Cr4V2，主要用于制造冷挤、冷镦模具。

以下介绍应用广泛的"Cr12 型"冷作模具钢。

"Cr12 型"模具钢属于高碳、高铬型莱氏体钢，含碳 1.40%~2.30%，含铬 11%~13%，具有高硬度、高耐磨性和高淬透性。淬火变形量小，其中 Cr12MoV 淬火后的变形量最微小，故有"微变形钢"之称。但由于其合金元素含量高，导热性差，并且碳化物偏析严重，热处理工艺复杂。

Cr12 型模具钢的热处理：预先热处理是在锻后进行球化退火，以消除锻坯的锻造应力，改善组织和降低硬度，以便后续的机械加工并为最终热处理作好组织准备。为消除机械加工中产生的应力，减少最终热处理变形，常在机械加工之后安排去应力退火或调质处理。最终热处理有：

a. 一次硬化法——"淬火+低温回火"。此法适用于要求高硬度、高耐磨性、变形小、重载荷、形状复杂的模具。

b. 二次硬化法——"淬火 + 多次回火（或加深冷处理）"。二次硬化法的优点是可获得一定的热硬性，耐磨性较好；其缺点是淬火温度高，晶粒较粗大，韧性较低，变形量较小，适用于在 400～450 °C 条件下工作或需进行氮化处理的模具。

常用冷作模具钢的牌号、热处理及用途见表 5-22。

表 5-22 常用冷作模具钢的牌号、热处理及用途 (摘自 GB/T1299—2000)

牌号	统一数字代号	热处理			用途举例
		淬火温度/°C	冷却剂	硬度/HRC	
Cr12	T21200	950～1000	油	60	用于制造受冲击荷载较小，且要求高耐磨性的冷冲模和冲头、拉丝模、压印模、搓丝板、拉延模和螺丝滚模等
Cr12MoV	T21201	950～1000	油	58	用于制造断面较大、形状复杂、耐磨性要求高、承受较大冲击负荷的冷作模具，如高精度冲模、搓丝板、螺纹滚模、形状复杂的冲孔凹模等
9Mn2V	T20000	780～810	油	62	用于制造各种精密量具、尺寸较小的冲模、冷压模、雕刻模、料模、剪刀、丝锥、板牙和铰刀等
CrWMn	T20111	800～830	油	62	是使用较为广泛的冷作模具钢，用于制造形状复杂的高精度冲模、量具、板牙等

4. 耐冲击工具钢、无磁模具钢和塑料模具钢

（1）耐冲击工具钢

耐冲击工具钢是可承受较大冲击性动载荷的合金工具钢。常用的耐冲击工具钢有 CrW2Si、5CrW2S、6CrW2Si 等。CrW2Si 用于制造承受高冲击负荷的工具，如风动工具、錾、冲裁切边复合模、冲模、冷切用的剪刀工具以及小型热作模具等；5CrW2Si 用于制造冷剪金属的刀片、铲搓丝板的铲刀、冷冲裁和切边用的凹模和木工工具，以及手用或风动凿子、空气锤工具、锅炉工具、顶头模和冲头、剪刀（重震动）、切割器（重震动）、混凝土破裂器等；6CrW2Si 用于制造承受冲载负荷要求有较高耐磨性的工具，如风动工具、凿子、冲击模具、冷剪机刀片、冲裁切边用凹模和空气锤用工具等。

（2）无磁模具钢

无磁模具钢主要用于磁性材料和磁性塑料的压制成型用模具。因为无磁模具钢在磁场中不被磁化，同时考虑脱模方便，所以应具有稳定的奥氏体组织，磁导率在 1.05～1.10 之间，且要求具有较高的硬度和耐磨性。典型的无磁模具钢是 7Mn15Cr2Al3V2WMo，用于制造无磁模具、无磁轴承、使用温度超过 700 °C 的热作模具等。

（3）塑料模具钢

塑料模具钢是适合于制作塑料制品成型生产所用模具的工具钢。塑料模工作时，持续受热、受压，并受到一定程度的摩擦和有害气体的腐蚀，因此，要求塑料模具钢具有一

定的强度和韧性，较高的耐磨性和耐蚀性，并要求具有良好的工艺性能。我国过去无专用的塑料模具钢，一般塑料模具用正火的 45Cr 或 40Cr 经调质后制造，因而模具硬度低、耐磨性差，表面粗糙度值高，加工出来的塑料产品外观质量较差，而且模具使用寿命低；精密塑料模具及硬度高塑料模具采用 CrWMo、Cr12MoV 等合金工具钢制造，不仅机械加工性能差，而且难以加工复杂的型腔，更无法解决热处理变形问题。经过多年努力，我国已有了自己的专用塑料模具钢系列，目前已纳入国家标准的有两种，即 3Cr2Mo 和 3Cr2MnNiMo。

（二）高速工具钢

高速切削时，刀具承受压力、振动和冲击，还受到强烈的摩擦以及由此产生的高温，因此，高速工具刀具应具有高硬度、高耐磨性、高热硬性，足够的强韧性和高的淬透性。目前最常用的高速刀具材料是高速工具钢和硬质合金。

高速工具钢，又名风钢或锋钢，意思是淬火时即使在空气中冷却也能硬化，并且很锋利。它是一种高碳、高合金莱氏体钢，含有钨、钼、铬、钒、钴等碳化物形成元素，合金元素总量达 10% ~ 25% 左右。常用的高速工具钢有 W18Cr4V、W6Mo5Cr4V2 和 W9Mo3Cr4V 等。

高速工具钢与非合金工具钢、合金工具钢相比，其最大特点是具有更高的热硬性（可达 600 °C），且具有很高的淬透性，广泛用于制造尺寸大、切削速度高、负荷重的车刀、铣刀、刨刀、钻头等。

高速钢的热处理工艺：高速钢锻造成型以后必须经过球化退火，其目的是消除应力，降低硬度，使显微组织均匀，为刀具的切削加工和淬火做准备。由于导热性差，高速钢的淬火一般分两个阶段进行，先在 800 ~ 850 °C 下预热，然后迅速加热到淬火温度 1 190 ~ 1 290 °C，之后油冷或空冷。为了消除淬火应力、稳定组织、减少残余奥氏体量，达到所需要的性能。高速钢一般要进行 2 ~ 3 次回火，回火温度 560 °C。图 5-3 所示为 W18Cr4V 的热处理工艺曲线。

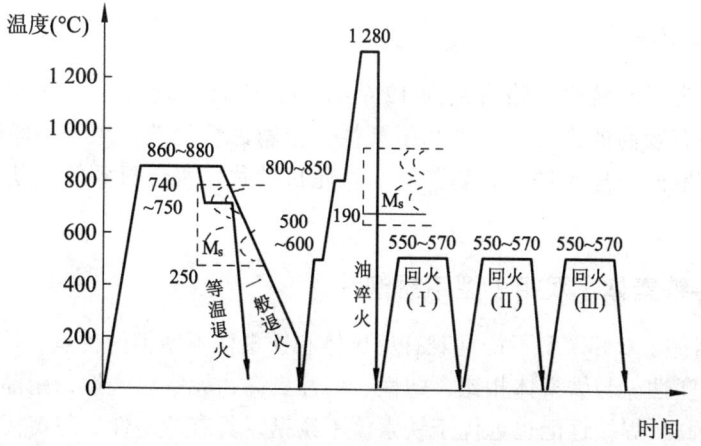

图 5-3　W18Cr4V 的热处理工艺曲线

五、不锈钢和耐热钢

(一) 不锈钢

不锈钢是指以不锈、耐蚀为主要特性,且铬含量至少为10.5%,碳含量不超过1.2%的钢,又称不锈耐酸钢。在实际应用中,常将耐弱腐蚀介质腐蚀的钢称为不锈钢,而将耐化学介质腐蚀的钢称为耐酸钢。

不锈钢的耐蚀性随含碳量的增加而降低。因此,大多数不锈钢的含碳量均较低,有些钢的含碳量甚至低于0.03%。只有部分马氏体不锈钢的含碳量较高,但最大不超过1.2%。不锈钢中的主要合金元素是Cr,其铬含量一般至少为10.5%。

不锈钢按照组织状态不同,分为:奥氏体型不锈钢、奥氏体-铁素体(双相)型不锈钢、铁素体型不锈钢、马氏体型不锈钢和沉淀硬化型不锈钢。

1. 铁素体型不锈钢

这类钢也属于铬不锈钢。铬含量较高,一般为12%~30%。碳含量较低,一般小于0.12%。其耐蚀性、韧性和可焊性随含铬量的增加而提高,耐氯化物应力腐蚀性能优于其他种类不锈钢。其耐腐蚀性能与抗氧化性能均比较好,但力学性能与工艺性能较差,多用于受力不大的耐酸结构及作抗氧化钢使用。这类钢能抵抗大气、硝酸及盐水溶液的腐蚀,并具有高温抗氧化性能好、热膨胀系数小等特点,用于硝酸及食品工厂设备,也可制作在高温下工作的零件,如燃气轮机零件等。

2. 奥氏体不锈钢

这类钢铬含量为17%~19%,镍含量为8%~9%,组织基本为奥氏体,耐蚀性高于铬不锈钢,具有良好的塑性、韧性、焊接性、耐蚀性能和无磁或弱磁性,在氧化性和还原性介质中耐蚀性均较好,用来制作耐酸设备,如耐蚀容器及设备衬里、输送管道、耐硝酸的设备零件等。

3. 马氏体型不锈钢

这类钢主要为铬不锈钢。铬含量为12%~18%,碳含量较高,一般为0.1%~1.2%。因含碳较高,故具有较高的强度、硬度和耐磨性,但耐蚀性稍差,用于力学性能要求较高、耐蚀性能要求一般的一些零件上,如弹簧、汽轮机叶片、水压机阀等。使用时需经淬火和回火处理。

4. 奥氏体-铁素体(双相)型不锈钢

奥氏体-铁素体(双相)型不锈钢兼有奥氏体和铁素体不锈钢的优点,具有高强度和高耐蚀性,并具有超塑性。与铁素体相比,塑性、韧性更高,无室温脆性,耐晶间腐蚀性能和焊接性能均显著提高,焊接性能也远优于铁素体不锈钢,具有超塑性。与奥氏体不锈钢相比,屈服强度高一倍多,耐应力腐蚀破裂的能力强,热膨胀系数低,更适合与碳钢连接。铬-镍系奥氏体-铁素体(双相)型不锈钢是我国目前应用最广泛的钢种。

5. 沉淀硬化型不锈钢

沉淀硬化也称析出强化，是指金属在过饱和固溶体中溶质原子偏聚区和（或）由之脱溶出微粒弥散分布于基体中而导致硬化的一种热处理工艺。沉淀硬化型不锈钢是在其他不锈钢化学成分的基础上添加不同类型、数量的强化元素，通过沉淀硬化过程析出不同类型和数量的碳化物、氮化物、碳氮化物和金属间化合物，既提高钢的强度又保持足够的韧性的一类高强度不锈钢，简称 PH 钢。沉淀硬化型不锈钢的主要特点是具有超高强度，常用于核电、航空航天等工业。

常用不锈钢的牌号、特点及用途见表 5-23。

表 5-23 常用不锈钢的牌号、特点及用途

类别	牌号	旧牌号	统一数字代号	特点及用途
奥氏体型	12Cr18Ni9	1Cr18Ni9	S30220	属于铬镍不锈钢。具有良好的塑性、韧性，但强度不高；焊接性良好；切削加工性差，无磁或弱磁性；在氧化性和还原性介质中耐蚀性均较好，耐蚀性高于铬不锈钢。用于建筑装潢材料或用来制作耐酸等化工设备、食品设备、核能设备等
奥氏体型	06Cr19Ni10	0Cr18Ni9	S30408	
奥氏体型	022Cr18Ni10	00Cr18Ni10	S30403	
奥氏体-铁素体型	14Cr18Ni11Si4AlTi	1Cr18Ni11Si4AlTi	S21860	属于铬镍不锈钢，是目前应用最广的钢种。兼有奥氏体和铁素体不锈钢的特点，与铁素体相比，塑性、韧性更高，耐晶间腐蚀性能和焊接性能均显著提高，具有超塑性；与奥氏体不锈钢相比，强度高且耐晶间腐蚀和耐氯化物应力腐蚀有明显提高。用于石化设备、化学品容器
奥氏体-铁素体型	022Cr19Ni5 Mo3 Si2N	00Cr18Ni5 Mo3 Si2	S21953	
铁素体型	10Cr17	1Cr17	S11710	具有导热系数大，膨胀系数小、抗氧化性好、抗应力腐蚀优良等优点，但存在塑性差、焊后塑性和耐蚀性明显降低等缺点，多用于制造耐大气、水蒸气、水及氧化性酸腐蚀的零部件，如厨房设备、洗涤槽、化学设备、热交换器，也用于电梯建筑内外装饰材
铁素体型	008Cr30 Mo2	00Cr30 Mo2	S13091	
铁素体型	30 Cr13	3 Cr13	S42030	
铁素体型	68 Cr17	7 Cr17	S41070	
铁素体型	108 Cr17	11Cr17	S44096	
沉淀硬化型	07Cr17Ni7Al	0Cr17Ni7Al	S51770	强度高，有很好的成形性能和良好的焊接性，可作为超高强度的材料，用于核工业、航空和航天工业
沉淀硬化型	07Cr15Ni7Mo2Al	0Cr15Ni7Mo2Al	S51570	
沉淀硬化型	05Cr17Ni4Cu4Nb	0Cr17Ni4Cu4Nb	S51740	

(二) 耐热钢

耐热钢是指在高温下具有良好的化学稳定性或较高强度的钢，包括抗氧化钢（或称高温不起皮钢）和热强钢。抗氧化钢是指在高温环境下长时间承受气体侵蚀时具有高温抗氧化、

抗氮化、抗硫化等能力并能承受一定应力的合金钢，一般具有较好的化学稳定性，但承受载荷能力较低。热强钢是指在高温环境中保持较高持久强度、抗蠕变性并兼具有一定抗氧化性的合金钢，一般具有较高的高温强度和相应的抗氧化性。耐热钢常用于制造锅炉、汽轮机、动力机械、工业炉和航空、石油化工等工业部门中在高温下工作的零部件。

常用耐热钢的牌号、特点及用途见表5-24。

表5-24 常用耐热钢的牌号、特点及用途

类别	牌号	旧牌号	统一数字代号	特点及用途
铁素体型	06Cr13Al	0Cr13Al	S11348	其突出特点是从高温下冷却后不产生显著硬化。用于制造受冲击负荷、要求较高韧性的零部件，常用于制造锅炉、汽轮机、动力机械、工业炉和航空、石油化工等工业部门中在高温下工作的零部件
	10Cr17	1Cr17	S11710	用于制造工作温度低于900℃的抗氧化零部件，如散热器、喷嘴、炉用件、燃气轮机零件
	022Cr12	00Cr12	S11203	含碳量低，焊接部位弯曲性能、加工性能、耐高温氧化性能好。用于制造抗高温氧化且要求焊接的构件，如汽车排气阀净化装置、燃烧室、喷嘴
	16Cr25N	2Cr25N	S12550	耐高温腐蚀性强，1 082℃以下不产生易剥落的氧化皮。用于制造工作温度低于900℃的抗高温氧化件，如燃烧室
马氏体型	06Cr13	1Cr13	S41010	淬透性好，具有较高的硬度、韧性，较好的耐腐性、热强性和冷变形性能，减震性也很好。用于制造工作温度低于800℃的抗氧化器件
	14Cr11MoV	1Cr11MoV	S46010	有较高的热强性、良好的减震性及组织稳定性，用于制造汽轮机叶片、导向叶片等
	15Cr12WMoV	1Cr12WMoV	S47010	有较高的热强性、良好的减震性及组织稳定性，常用于制造锅炉、汽轮机、动力机械、工业炉和航空、石油化工等工业中在高温下工作的零部件
奥氏体型	06Cr25Ni20	0Cr25Ni20	S31008	抗氧化钢，可承受1 035℃高温，用于炉用材料、汽车净化装置
	16Cr25Ni20Si2	1Cr25Ni20Si2	S38340	具有较高的高温强度及抗氧化性，对含硫成分较敏感，适于制作承受应力的各种炉用构件
	26Cr18Mn12Si2N	3Cr18Mn12Si2N	S35750	有较高的高温强度和一定的抗氧化性，并且有较好的抗硫及抗渗碳性，最高使用温度约1 000℃。用于锅炉吊挂支架、渗碳炉构件、加热炉传送带、料盘、炉爪等
	45Cr14Ni14W2Mo	4Cr14Ni14W2Mo	S32590	工艺性能较好，综合力学性能较好，有一定的热强性。用于工作温度为550℃的长期使用增压器涡轮及叶片、紧固件、内燃机重负荷排气阀

六、奥氏体锰钢

奥氏体锰钢也称耐磨钢，是指具有高耐磨性的钢种，主要用于制造工作中承受高压力、严重磨损和强烈冲击的零件，如拖拉机和坦克履带、铁道道岔、挖掘机铲齿、破碎机颚板和防弹装甲等。

奥氏体锰钢属于铸钢。由于奥氏体锰钢极易产生形变强化，且强化效果极其明显，难以切削加工成型，因此大部分奥氏体锰钢一般都采用铸造成型。

为消除碳化物并获得单相奥氏体组织，奥氏体锰钢铸件使用前都应进行"水韧处理"。水韧处理是将钢加热至 1 000～1 100 ℃，保温一定时间使碳化物全部溶解，然后在水中快冷，以获得单一奥氏体组织的工艺。水韧处理后钢的硬度较低（大约 210 HBW），而塑性、韧性很好，此时的奥氏体锰钢并不具有高耐磨性。奥氏体锰钢的耐磨原理是：奥氏体锰钢零件工作中承受强烈冲击或挤压而变形时，零件表层产生强烈的形变强化，并且伴随着马氏体转变，硬度显著提高（52～56 HRC），从而使零件具有很高的耐磨性，并且心部还保持很好的塑性和韧性。

奥氏体锰钢牌号表示法：采用以化学成分表示的铸钢牌号，用"铸"和"钢"两个字的汉语拼音的第一个大写正体字母"ZG"表示铸钢，其后的三位数字表示含碳量的万分之几。用"化学元素符号+数字"表示合金元素及其含量，数字表示元素含量的百分之几。例如，ZG110Mn13Mo1，表示平均碳含量为 1.1%、平均锰含量为 13%、平均钼含量小于 1.5% 的铸造奥氏体锰钢。

常用奥氏体锰钢的牌号及其化学成分见表 5-25。

表 5-25 常用奥氏体锰钢的牌号及其化学成分（摘自 GB5680—2010）

牌号	化学成分（质量分数）/%								
	C	Si	Mn	P	S	Cr	Mo	Ni	W
ZG120Mn7Mo1	1.05～1.35	0.3～0.9	6～8	≤0.060	≤0.040	—	0.9～1.2	—	—
ZG110Mn13Mo1	0.75～1.35	0.3～0.9	11～14	≤0.060	≤0.040	—	0.9～1.2	—	—
ZG100Mn13	0.90～1.05	0.3～0.9	11～14	≤0.060	≤0.040	—	—	—	—
ZG120Mn13	1.05～1.35	0.3～0.9	11～14	≤0.060	≤0.040	—	—	—	—
ZG120Mn13Cr2	1.05～1.35	0.3～0.9	11～14	≤0.060	≤0.040	1.5～2.5	—	—	—
ZG120Mn13W1	1.05～1.35	0.3～0.9	11～14	≤0.060	≤0.040	—	—	—	0.9～1.2
ZG120Mn13Ni3	1.05～1.35	0.3～0.9	11～14	≤0.060	≤0.040	—	—	3～4	—
ZG90Mn14Mo1	0.70～1.00	0.3～0.6	13～15	≤0.070	≤0.040	—	1.0～1.8	—	—
ZG120Mn17	1.05～1.35	0.3～0.9	16～19	≤0.060	≤0.040	—	—	—	—
ZG120Mn17Cr2	1.05～1.35	0.3～0.9	16～19	≤0.060	≤0.040	1.5～2.5	—	—	—

第六节 铸 铁

铸铁是含碳量在2%以上的铁碳合金,工业用铸铁一般含碳量为2%~4%。生产中常用的铸铁有灰铸铁、可锻铸铁、球墨铸铁、如墨铸铁、合金铸铁等。

一、铸铁的石墨化过程

铸铁中,碳元素的主要存在形式有两种,一是渗碳体(Fe_3C),二是游离状态的石墨(符号G)。

由于铸铁中碳元素的主要存在形式有两种,所以铁水结晶有两种结晶规律:或者结晶出渗碳体,或者结晶出石墨。铸铁中石墨的形成过程称为铸铁的石墨化过程。铸铁中形成石墨有两种方式:一种是铁水结晶过程中从铁水中结晶出石墨、从奥氏体中析出和奥氏体共析转变得到共析石墨;另一种是白口铸铁铸件经可锻化退火,渗碳体分解出石墨。铸铁的石墨化过程通常是指第一种方式。

影响铸铁石墨化过程的因素是主要是铸铁的化学成分和铁水的冷却速度。

在铸铁的成分中,碳与硅是强烈促进石墨化的元素,铸铁中碳、硅含量越高,越利于石墨化。硫是强烈阻碍石墨化的元素,锰也是阻碍石墨化的元素。

冷却速度对铸铁石墨化的影响也很大。冷却越慢,越有利于石墨化。冷却速度受造型材料、铸造方法和铸件壁厚等因素的影响。例如,金属型铸造使铸铁冷却快,砂型铸造冷却较慢;壁薄的铸件冷却快,壁厚的冷却慢。

二、铸铁的组织特征和性能特点

(一) 组织特征

铸铁的基本组织由基体和石墨组成。铸铁石墨化程度不同,所得到的基体组织也不同。铸铁的基体类型有铁素体、珠光体和"铁素体+珠光体"三种类型,对应铸铁的组织也有三种类型:铁素体基体+石墨;"铁素体+珠光体"基体+石墨;珠光体基体+片状石墨。由于珠光体是共析钢的组织,"铁素体+珠光体"是亚共析钢的组织,因此,可以认为铸铁的组织特征是在钢的基体上分布着不同形态、大小和数量的石墨。

(二) 性能特点

1. 基体和石墨对铸铁性能的影响

铸铁的力学性能主要决定于基体的性能和石墨的数量、形状、大小及分布状况等。

基体是影响铸铁性能的重要因素。例如,在其他条件相同的情况下,基体强度越高,铸铁的强度也越高;基体的塑性越好,铸铁的塑性也越好。

石墨是铸铁中的重要相，对铸铁的性能有重大影响。石墨的晶格类型为六方晶格，如图 5-4 所示。石墨硬度为 3～5HBW，强度指标 R_m 大约 20MPa，塑性和韧性极低，塑性和韧性几乎为零。

由于石墨本身的强度、硬度和塑性都几乎为零，因此铸铁中的石墨就相当于基体上布满了大量的孔洞或裂缝，从而割裂了基体组织的连续性，减小了基体的有效承载面积，使铸铁的强度和韧性降低。石墨的这两种作用称为石墨的割裂作用和缩减作用。

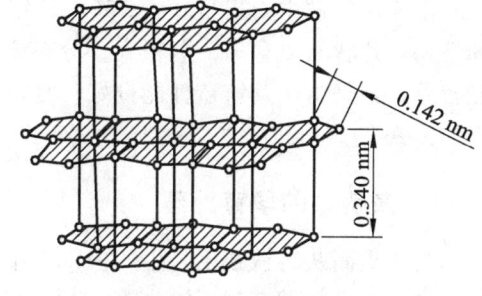

图 5-4　石墨的晶体结构

石墨对铸铁也有其有利的一面，可以改善铸铁的切削加工性能和铸造性能，提高铸铁的耐磨性和减震性，同时使铸铁具有小的缺口敏感性。

2．性能特点

由于石墨的影响，铸铁的性能特点表现为：较低的抗拉强度，韧性差，具有优良的铸造性能，很高的减摩和耐磨性，良好的消震性和切削加工性以及缺口敏感性低等一系列优点。除此之外，铸铁熔炼简便、价格低廉。铸铁广泛应用于机械制造、冶金、石油化工、交通、建筑和国防工业各部门。

三、常用铸铁

(一) 灰铸铁

1．灰铸铁的化学成分、组织和性能

（1）化学成分

灰铸铁的成分大致为：$w_C = 2.5\% \sim 4.0\%$，$w_{Si} = 1.0\% \sim 3.0\%$，$w_{Mn} = 0.25\% \sim 1.0\%$，$w_S = 0.02\% \sim 0.20\%$，$w_P = 0.05\% \sim 0.50\%$。

（2）组织

灰铸铁的显微组织有三种类型：铁素体（F）基体 + 片状石墨；铁素体（F）+ 珠光体（P）基体 + 片状石墨；珠光体（P）基体 + 片状石墨。灰铸铁的显微组织见图 5-5。

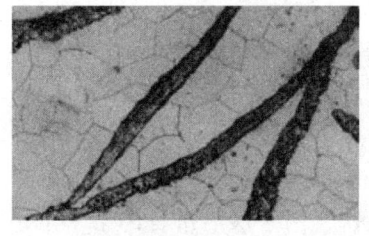 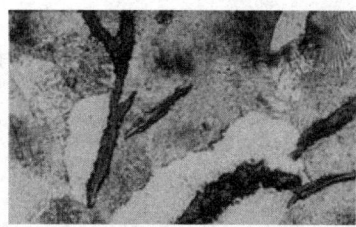 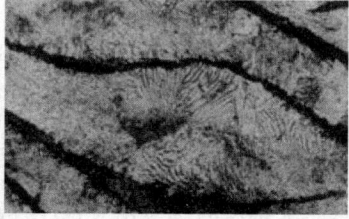

（a）铁素体灰铸铁　　　　（b）铁素体 + 珠光体灰铸铁　　　　（c）珠光体灰铸铁

图 5-5　灰铸铁的显微组织

(3) 性能及应用

由于灰铸铁中石墨呈片状，其割裂作用尤为明显，因此灰铸铁的力学性能较差，强度低，韧性差。片状石墨愈多，愈粗大，分布愈不均匀，则强度和塑性就愈低。虽然灰铸铁力学性能较差，但是由于其铸造性能良好，且价格低廉，因此在生产中得到广泛应用，是应用最广泛的铸铁。

2. 灰铸铁的孕育处理

为了提高灰铸铁强度，生产中常采用孕育处理。孕育处理也称变质处理，是在浇注前向铁水中加入少量孕育剂（如硅铁、硅钙合金等），改变铁水的结晶条件，从而得到细小均匀分布的片状石墨和细小的珠光体组织。经孕育处理后的灰铸铁称为孕育铸铁。孕育铸铁的强度相比普通铸铁有较大的提高，塑性和韧性也有所改善，一般用于制造力学性能要求较高、截面尺寸变化较大的大型铸件。

3. 灰铸铁的热处理

因为灰铸铁的基体利用率低，热处理又不能改变石墨的形状、大小和分布，所以利用热处理来提高灰铸铁的力学性能效果不大。灰铸铁热处理的主要目的是消除铸件内应力和稳定尺寸，消除铸件表层的白口组织以改善切削加工性能，有时也用来提高工件表面的硬度和耐磨性等。灰铸铁常用的热处理方法有时效处理、高温石墨化退火、表面淬火等。

(1) 时效处理

铸造过程中，由于铸件壁厚不均匀，铸件中会产生铸造应力，这些内应力都必须消除，否则会引起铸件的变形或开裂。时效处理是常用的消除铸造应力的方法。时效处理分为自然时效和人工时效。自然时效是将铸件长期放置在室温下以消除应力的方法。人工时效又称去应力退火，是将铸件加热到 530 ~ 620 °C，保温时间为 2 ~ 6 h，然后炉冷至 200 °C 再空冷的工艺。采用时效处理可消除铸件内应力的 90% ~ 95%，但铸铁组织不发生变化。

(2) 高温石墨化退火

其工艺是将铸件加热至 850 ~ 900 °C，保温 2 ~ 5 h，然后炉冷至 400 ~ 500 °C 再空冷。其工艺目的是使渗碳体分解为石墨，以消除灰铸铁铸件表层及薄壁处的白口组织，改善切削加工性，为铸件的机械加工做准备。

(3) 表面淬火

其工艺与钢的表面淬火工艺基本相同，目的是提高机床导轨、缸体内壁等灰铸铁件的表面硬度和耐磨性。

4. 灰铸铁的牌号及用途

灰铸铁的牌号由"HT + 数字"组成。其中"HT"是"灰铁"两字汉语拼音的第一个字母，其后的数字表示抗拉强度数值。如 HT100，表示抗拉强度是 100 MPa 的灰铸铁。

常用灰铸铁的牌号、力学性能及用途见表 5-26。

表 5-16 灰铸铁的牌号、力学性能及用途

类别	牌号	力学性能		用途举例
		R_m/MPa 不小于	硬度/HBW	
F 基体灰铸铁	HT100	100	143～229	低载荷和不重要铸件，如盖、外罩、手轮、支架等
F+P 基体灰铸铁	HT150	150	163～229	承受中等应力的铸件，如底座、床身、工作台、阀体、管路附件及一般工作条件要求的零件
P 基体灰铸铁	HT200	200	170～241	承受较大应力和较重要的铸件，如汽缸体、齿轮、机座、床身、活塞、齿轮箱、油缸等
	HT250	250	170～241	
孕育铸铁	HT300	300	187～255	受力较大的床身、机座、主轴箱、卡盘、齿轮等，高压油缸、泵体、阀体、衬套、凸轮，大型发动机的曲轴、汽缸体、汽缸盖等
	HT350	350	197～269	

(二) 可锻铸铁

可锻铸铁简称可铁，俗称玛钢、马铁，它是由一定成分的白口铸铁经可锻化退火而获得的具有团絮状石墨的铸铁。

1. 成分特点

为了保证铸件在一般冷却条件下都获得白口组织，又要在退火时容易使渗碳体分解，并呈团絮状石墨析出，因此要求严格控制铁液的化学成分。与灰铸铁相比，可锻铸铁中碳、硅的质量分数低一些。

2. 组织

根据显微组织特征，可锻铸铁可分为黑心可锻铸铁和珠光体可锻铸铁，其组织分别为"铁素体基体+团絮状石墨"和"珠光体基体+团絮状石墨"。可锻铸铁的显微组织见图 5-6。

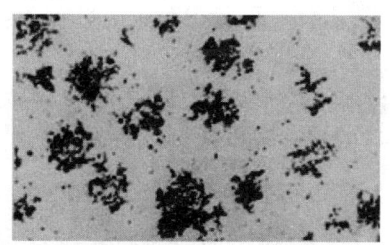
（a）铁素体可锻铸铁

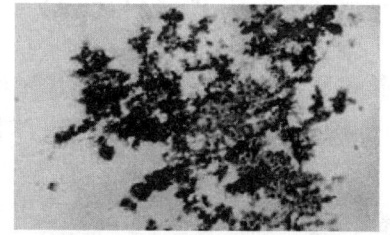
（b）珠光体可锻铸铁

图 5-6 可锻铸铁的显微组织

3. 性能和应用

由于可锻铸铁中的石墨呈团絮状，对基体的割裂作用较小，因此与灰铸铁相比，它具有较高的强度和韧性。其中，黑心可锻铸铁具有较高的塑性和韧性，而珠光体可锻铸铁具有较

高的强度、硬度和耐磨性。虽然该铸铁称为"可锻铸铁",但它并不能进行锻压加工。可锻铸铁主要用于生产形状复杂、要求强度和韧性较高的薄壁铸件。

4. 牌 号

可锻铸铁的牌号是由三个字母及两组数字组成。其中前两个字母 KT 是"可铁"两个字的汉语拼音的第一个字母,第三个字母代表组织类别,其后的两组数字分别表示抗拉强度和断后伸长率。例如,KTH300-06,表示 R_m = 300 MPa、A = 6% 的黑心可锻铸铁;KTZ650-02,表示 R_m = 650 MPa、A = 2% 的珠光体可锻铸铁。

可锻铸铁的牌号、力学性能及主要用途,见表 5-27。

表 5-27 可锻铸铁的牌号、力学性能及用途

类　别	牌号	R_m/MPa	$R_{r0.2}$/MPa	A/%	HBW	用　途
黑心可锻铸铁	KTH300-06	300	—	6	>150	汽车、拖拉机的后桥外壳、转向机构、弹簧钢板支座等,机床上用的扳手,低压阀门、管接头、铁道扣板和农具等
	KTH330-08	330	—	8		
	KTH350-10	350	200	10		
	KTH370-12	370	—	12		
珠光体可锻铸铁	KTZ450-06	450	270	6	150~200	曲轴、连杆、齿轮、凸轮轴、摇臂、活塞环等
	KTZ550-04	550	340	4	180~230	
	KTZ650-02	650	430	2	210~260	
	KTZ700-02	700	530	2	240~290	

(三) 球墨铸铁

球墨铸铁简称球铁,是 20 世纪 50 年代发展起来的一种高强度铸铁材料,它是对铁液进行球化处理和孕育处理,使铸铁中的石墨全部或大部分呈球状的铸铁。生产球铁所用球化剂为镁合金,我国采用稀土镁合金。生产球铁所用孕育剂是 Si-Fe 合金和 Si-Ca 合金。

1. 球铁的成分、组织和性能

球铁的成分大致为:w_C = 3.6%~3.9%,w_{Si} = 2.2%~2.8%,w_{Mn} = 0.6%~0.8%,w_S < 0.07%,w_P < 0.1%。

球墨铸铁显微组织为:铁素体基体 + 球状石墨;"铁素体 + 珠光体"基体 + 球状石墨,珠光体基体 + 球状石墨,下贝氏体基体 + 球状石墨。球墨铸铁的显微组织见图 5-7。

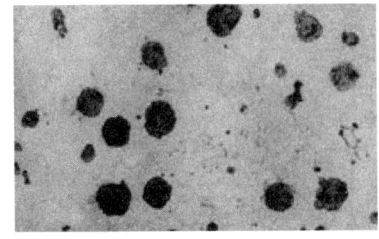

(a) 铁素体球墨铸铁

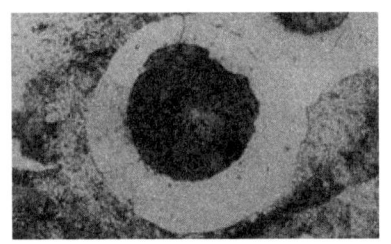

(b) 铁素体 + 珠光体球墨铸铁

图 5-7 球墨铸铁的显微组织

由于球状石墨对基体的割裂作用最小，所以，球墨铸铁是力学性能最好的铸铁。与其他铸铁相比，球墨铸铁强度高、塑性、韧性好，屈强比可增大 0.7～0.8，它的某些性能还可与钢相媲美，如屈服强度比碳素结构钢高，疲劳强度接近中碳钢。

2. 球铁的热处理

球墨铸铁的热处理工艺性能较好，钢的热处理工艺一般都适合于球墨铸铁。球墨铸铁通过热处理改善性能的效果比较明显。球墨铸铁常用的热处理工艺有：退火、正火、调质、贝氏体等温淬火等。此外，球墨铸铁通过各种热处理，可以明显地提高其力学性能。但球墨铸铁的收缩率较大，流动性稍差，原材料及处理工艺要求较高。

3. 球铁的牌号

球墨铸铁的牌号用"QT"符号及其后面两组数字表示。"QT"是"球、铁"两个字的汉语拼音的第一个字母，两组数字分别代表其最低抗拉强度和最低伸长率。

部分球墨铸铁的牌号、力学性能及用途见表 5-28。

表 5-28 球墨铸铁铸铁的牌号、力学性能及用途

牌 号	基体组织	R_m/MPa	$R_{r0.2}$/MPa	A/%	HBW	应用举例
QT400-15	F	400	250	15	130～180	适宜制造承受冲击、振动的铸件，如中、低压阀体，压缩机气缸体、电机壳、差速器壳、减速器壳
QT450-10		450	310	10	160～210	
QT500-7	F+P	500	320	7	170～230	飞轮、机油泵齿轮、机车车辆轴瓦等
QT600-3	F+P					适宜制造载荷大、受力复杂的铸件，如柴油机的曲轴、凸轮轴、汽缸体、汽缸套、活塞环，部分磨床、铣床、车床的主轴等
QT700-2	P	700	420	2	225～305	
QT800-2		800	480	2	245～335	
QT900-2	B下	900	600	2	280～360	汽车后桥螺旋锥齿轮、拖拉机减速齿轮等高强度齿轮，柴油机凸轮轴、内燃机曲轴等

(四) 蠕墨铸铁

蠕墨铸铁是 20 世纪 60 年代开发的一种铸铁材料。它是用高碳、低硫、低磷的铁液加入蠕化剂（镁钛合金、镁钙合金等），经蠕化处理后获得的高强度铸铁。蠕墨铸铁中的石墨呈短小的蠕虫状，如图 5-8 所示。

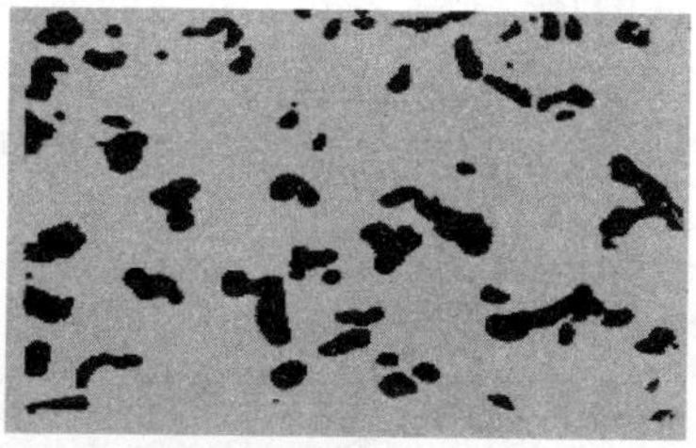

蠕虫状石墨对基体产生的应力集中与割裂现象明显减小，因此，蠕墨铸铁的力学性能优于基体相同的灰铸铁而低于球墨铸铁，而且蠕墨铸铁在铸造性能、导热性能等方面都要比球墨铸铁好。

蠕墨铸铁的牌号用"R$_u$T"符号及其后面数字表示。"R$_u$T"是"蠕、铁"两个字的汉语拼音的第一个字母，其后数字表示最低抗拉强度。

图 5-8 铁素体蠕墨铸铁的显微组织

由于蠕墨铸铁具有许多优良的力学性能及良好的铸造性能,故常用于制造受热循环载荷、要求组织致密、强度较高、形状复杂的大型铸件,如机床的立柱、柴油机的汽缸盖、缸套、排气管等。

(五) 合金铸铁

常规元素硅、锰高于普通铸铁规定含量或含有其他合金元素,具有较高力学性能或某种特殊性能的铸铁,称为合金铸铁。常用的合金铸铁有耐磨铸铁、耐热铸铁及耐蚀铸铁等。

1. 耐磨铸铁

不易磨损的铸铁称为耐磨铸铁。通常可通过激冷或向铸铁中加入铜、钼、锰、磷等元素,在铸铁中形成一定数量的硬化相来提高其耐磨性。耐磨铸铁分为减磨铸铁和抗磨铸铁两类。前者是在有润滑剂,受粘着磨损条件下工作的,如机床导轨和拖板,发动机的缸套和活塞,各种滑块等。后者是在无润滑剂、受磨料磨损条件下工作,如轧辊、犁铧球磨机磨球等。

减磨铸铁的组织应是软基体上分布有坚硬的相。软基体在磨损后形成的沟槽可保持油膜,有利于润滑,而坚硬相可承受摩擦。细片状珠光体为基体的灰铸铁基本上能满足这样的要求。其中铁素体基体为软基体,渗碳体为坚硬相,同时石墨还有储油和润滑的作用。为了进一步提高珠光体灰铸铁的耐磨性,可加入适量的 Cu、Cr、Mo、P、V、Ti 等合金元素。常用的减磨铸铁有高磷铸铁,它含有 0.4%~0.7% 的磷,磷在铸铁中能形成各种 Fe_3P 坚硬骨架,使铸铁的耐磨性提高。

抗磨铸铁的组织应具有均匀的高硬度。普通白口铸铁就是一种抗磨性搞的铸铁,但其脆性大,因此常加入适量的 Cu、Cr、Mo、W、Ni、Mn 等合金元素,增加其韧性,并具有更高的硬度和耐磨性。常用的抗磨铸铁有冷硬铸铁、中锰球铁、白口铸铁等。

2. 耐热铸铁

可以在高温下使用,其抗氧化或抗热生长性符合使用要求的铸铁,称为耐热铸铁。铸铁的热生长是指铸铁高温下产生的不可逆体积胀大现象,其产生原因是在高温下氧化性气体进入铸铁内部形成体积大的氧化物和渗碳体分解为大体积的石墨。热生长性会导致铸件的变形、翘曲、裂纹等。

为了提高铸铁的耐热性,常向铸铁中加入硅、铝、铬等合金元素,使铸铁表面形成一层致密的 SiO_2、Al_2O_3、Cr_2O_3 等氧化膜,阻止氧化性气体渗入铸铁内部产生内氧化,从而抑制铸铁的热生长。我国目前广泛应用的是高硅、高铝或铝硅耐热铸铁以及铬耐热铸铁。

耐热铸铁主要用于制造工业加热炉附件,如炉底板、烟道挡板、传递链构件、渗碳坩埚等。

3. 耐蚀铸铁

能耐化学、电化学腐蚀的铸铁,称为耐蚀铸铁。耐腐蚀铸铁通常加入的合金元素是硅、铝、铬、镍、铜等,使铸铁表面生成一层致密稳定的氧化膜,从而提高了耐腐蚀能力。常用的耐腐蚀铸铁有高硅耐腐蚀铸铁、高铝耐腐蚀铸铁和高铬耐腐蚀铸铁等。

耐腐蚀铸铁主要用于化工机械,如管件、阀门、耐酸泵等。

复习思考题

5-1 填空题

1. 钢中的有害杂质元素是_____和_____。
2. 钢中的有益杂质元素是_____和_____。
3. _____元素引起钢的"热脆",_____元素引起钢的"冷脆"。
4. 影响铸铁石墨化的因素有_____和_____。
5. 不锈钢中的主要合金元素是_____与_____。

5-2 选择题

1. 以下牌号中属于低碳钢的是（   ）。
   A．20　　　　B．45　　　　C．65Mn　　　　D．T12
2. 以下牌号中属于高级优质钢的是（   ）。
   A．Q235A　　　B．T10A　　　C．08F　　　　D．Q235D

5-3 判断题

1. 可锻铸铁韧性好,所以可以锻造成型。（   ）
2. 热处理可以改变铸铁中石墨的形态。（   ）
3. 铸铁的性能取决于基体的性能和石墨的大小、形态及分布。（   ）
4. 合金钢的淬透性高于碳钢。（   ）

5-4 问答题

1. 简述钢的分类。
2. 合金元素在钢中有何作用?
3. 化学成分和冷却速度对铸铁石墨化有何影响?阻碍石墨化的元素主要有哪些?
4. 简述铸铁的性能特点。
5. 与碳钢性比,合金钢有哪些优点?
6. 解释以下牌号的含义:
   Q235A， 45， T10A， ZG200-400， 40Cr， 20CrMnTi， 60Si2Mn， GCr15，
   W18Cr4V， 06Cr19Ni10， 022Cr18Ni10， Q460， Q355GNHC， ZG120Mn13，
   9SiCr， 65Mn， 08F， HT150， QT700-2， KT300-06， KTZ700-02
7. 写出适合制造以下零件或工具的材料牌号:
   机车车轴　小弹簧　机车弹簧　锉刀　麻花钻　机床主轴　连杆　机床床身
   减速器箱体　化工用管道　汽车变速箱齿轮　滚动轴承外圈　垫圈　曲轴　水箱

第六章　非铁合金

【本章导学】

非铁合金又称有色金属。非铁合金包括铝合金、铜合金、镁合金、钛合金等，本章重点介绍铝铜合金的时效强化，讨论铝合金及铜合金的成分、性能、热处理特点及应用，简述滑动轴承合金的工作条件和性能，并对粉末冶金的工艺、特点和典型粉末冶金材料进行了介绍。

本章的基本要求：了解非铁合金的特点、分类等；掌握常见有色金属及其合金，如铝及铝合金、铜及铜合金等的牌号、性能和应用等；了解滑动轴承合金的性能要求；熟悉常用轴承合金的分类及其特点；熟悉粉末冶金的特点与应用及典型的粉末冶金材料的牌号、性能与应用等。

第一节　铝及铝合金

一、工业纯铝

铝在地球上的储量居金属元素之首，其年产量居有色金属之冠。铝及铝合金的密度小，属轻金属。纯铝呈银白色，具有面心立方晶格，无同素异构转变。铝的密度只有 2.72 g/cm³，约为铁密度的 1/3，熔点 660.37 ℃，基本无磁性。铝的导电、导热性能优良，仅次于金、银、铜。在大气中，铝制品的表面会生成一层致密的 Al_2O_3 薄膜，可阻止其进一步氧化，故铝的抗大气腐蚀能力强。但是，铝不能耐酸、碱和盐的腐蚀。

工业上使用的纯铝纯度一般为 99.7%～98%，其强度低（R_m = 80～100 MPa）、塑性好（A = 80%）。通过压力加工可制成各种型材，如丝、线、箔、棒和管等。按 GB/T3190—1996 规定，工业纯铝的牌号有 1070A、1060、1050A、1035 等（即化学成分近似于旧牌号 L1、L2、L3、L4、L5），牌号中数字越大，表示杂质的含量越高，纯度越低。

根据纯铝的特点，其主要用途是代替贵重的铜合金制作电线、配制各种铝合金以及制作一些质轻、导热或耐大气腐蚀而强度要求不高的器具。比如，纯铝可以用于制作空气压缩机垫圈、排气阀垫片、汽车铭牌等。

二、铝合金的分类

纯铝的强度低，若在铝中加入硅、铜、镁、锌、锰等合金元素，就可获得较高强度的铝合金。此外，还可以通过冷变形加工、热处理等方法对铝合金进一步强化，同时保持其密度小、强度高和导热性好的特性，使之适宜制造各种机械零件。

铝合金大多为共晶型，除了形成有限的α固溶体外，还能形成金属间化合物，根据铝合金的成分及生产工艺特点，铝合金主要可分为变形铝合金和铸造铝合金两大类。图6-1所示为铝合金的分类示意图。

(一) 变形铝合金

由图6-1可见，变形铝合金是指成分位于D点以左的合金，当加热到固溶线DF线以上时，可得到单相α固溶体，其塑性很好，宜于进行压力加工，故称为变形铝合金。变形铝合金又可以分为以下两类。

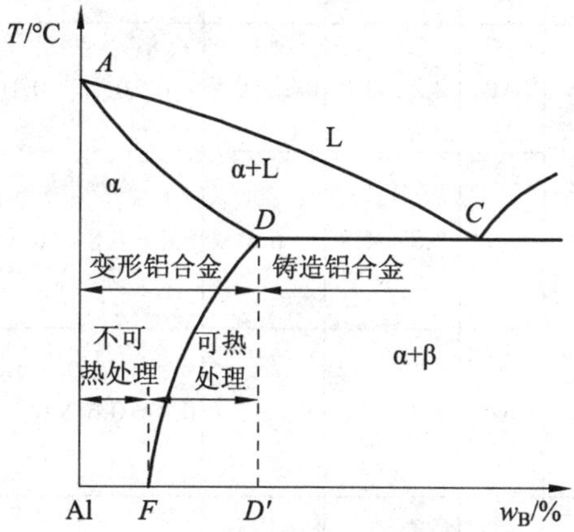

1. 不能热处理强化的铝合金

是指成分位于图6-1中F点以左的铝合金，在加热或冷却过程中，其α固溶体既无相变发生，又没有溶解度变化，所以它们不能用热处理方法强化。其常用的强化方法是冷变形，如冷轧、挤压等工艺。

图 6-1 铝合金分类示意图

2. 能热处理强化的铝合金

是指成分位于图6-1中F点与D点之间的铝合金，其α固溶体的成分随温度而变化，可利用"固溶+时效"的方法强化。这是铝合金的主要强化手段，在其他有色金属中也有广泛应用。

(二) 铸造铝合金

成分在图6-1中D点以右的铝合金，由于冷却时发生共晶反应，流动性较好，适宜于铸造工艺，故称为铸造铝合金。

铸造铝合金的力学性能虽然不如变形铝合金，但其具有优良的铸造工艺性能，可进行各种成形铸造，生产形状复杂的铸件。铸造铝合金种类很多，主要有铝-硅系、铝-铜系、铝-镁系、铝-锌系四个系列。

三、常用铝合金

(一) 变形铝合金

变形铝合金包括防锈铝合金、硬铝合金、超硬铝合金及锻铝合金等。常用变形铝合金的牌号、化学成分、力学性能及用途举例见表6-1。

表 6-1　常用变形铝合金的牌号、化学成分、力学性能及用途举例

类别	牌号	化学成分 w/%（余量为 Al）					状态	力学性能			用途举例
		Cu	Mg	Mn	Zn	其他		R_m/MPa	$A_{11.3}$/%	HBW	
防锈铝合金	5A05	0.1	4.8~5.5	0.3~0.6	0.20		O	280	20	70	散热器片、导管、日用品、铆钉及中载零件及制品
	3A21	0.20	0.05	1.0~1.6	0.10	Ti0.15	O	130	20	30	蒙皮、容器、油管、焊条、铆钉、轻载零件及制品
硬铝合金	2A01	2.2~3.0	0.2~0.5	0.20	0.10	Ti0.15	T_4	300	24	70	工作温度不超过 100 的结构用中等强度铆钉
	2A11	3.8~4.8	0.4	0.4~0.8	0.30	Ni0.1 Ti0.15	T_4	420	15	100	中等强度结构零件，如骨架、固定接头、螺栓
超硬铝合金	7A04	1.4~2.0	1.8~2.8	0.2~0.6	5.0~7.0	Cr 0.1~0.25	T_6	600	12	150	主要受力结构件，如飞机大梁、桁架、加强框
锻铝合金	2A50	1.8~2.6	0.4~0.8	0.4~0.8	0.30	Ni0.10 Ti0.15	T_6	420	13	105	中等强度的复杂形状锻件及模锻件
	2A70	1.9~2.5	1.4~1.8	0.20	0.30	Ni 0.9~1.5 Ti 0.02~0.1	T_6	440	12	120	内燃机活塞和在高温下工作的复杂锻件、结构件

1. 防锈铝合金

防锈铝合金属于铝-锰系或铝-镁系合金。铝-锰系合金牌号用 3×××表示，铝-镁系合金牌号用 5×××表示。常用的有 3A21（原牌号 LF21）、5A02（原牌号 LF2）等。A 表示原始纯铝。后两位为数字顺序号。

防锈铝合金中加入锰的主要作用是提高抗蚀能力，并且大部分锰溶于固溶体，产生了固溶强化作用；镁也有固溶强化作用，同时降低合金密度。防锈铝合金锻造退火后是单相固溶体组织，抗蚀性能高，塑性好，故称防锈铝合金。这类合金不能进行时效强化，属于不能热处理强化的铝合金。但可冷变形，利用加工硬化提高其强度。所以，防锈铝合金适用于制造负荷轻的冲压件和要求耐腐蚀、保光泽的零件，如客车上的装饰件、客车外皮、铆钉、油箱、油管及其他零件。

2. 硬铝合金

硬铝合金属于铝-铜-镁系合金。其牌号用 2×××表示，常用牌号有 2A11、2A12（原牌号 LY11、LY12）。

硬铝合金中加入铜和镁是为了在时效过程中产生强化相 $CuAl_2$ 和 Al_2CuMg 等。这类合金

可以进行时效强化,属于能热处理强化的铝合金,也可进行形变强化,但其最大的缺点是耐腐蚀性差,故硬铝合金工件的表面常常需要包一层纯铝,以增加其耐蚀性。硬铝在航空工业上获得广泛应用,如制造飞机构架、螺旋桨、叶片等。

3. 超硬铝合金

超硬铝合金属于铝-铜-镁-锌系合金。其牌号用 7××× 表示,例如 7A04、7A09(原 LC4、LC9),7 表示 Zn。

超硬铝合金是在硬铝中再加入锌元素组成的四元系合金,合金经固溶处理和人工时效后,可产生多种复杂的第二相 $MgZn_2$ 和 Al_2CuMg,获得很高的强度和硬度,所以它们是硬度最高的一类铝合金。但这类铝合金耐蚀性差,高温下软化快,用"包铝法"可提高其抗蚀性。

4. 锻造铝合金

锻造铝合金属于铝-铜-镁-硅系合金,其牌号用 2××× 表示,如 2A50、2B50、2A70(原牌号 LD5、LD6、LD7)。

锻造铝合金的主要强化相是 Mg_2Si,性能与硬铝相似,但耐蚀性和热塑性好,适于锻造,故称"锻铝"。锻铝通过固溶处理和人工时效来强化。主要用于制造外形复杂的自由锻件和模锻件。

(二) 铸造铝合金

常用铸造铝合金的牌号、化学成分、力学性能及用途举例见表 6-2。

表 6-2 常用铸造铝合金的牌号、化学成分、力学性能及用途举例

类别	合金牌号	化学成分 w(%)(余量为 Al)						力学性能(不低于)			用途举例
		Si	Cu	Mg	Mn	Zn	Ti	R_m/MPa	$A_{11.3}$/%	HBW	
铝硅合金	ZL101 ZAlSi7Mg	6.5~7.5		0.25~0.45			0.08~0.2	202 192	2 2	60 60	形状复杂的砂型、金属型和压力铸造零件,如飞机、仪器的零件,抽水机壳体,工作温度不超过 185 ℃ 的汽化器等
	ZL102 ZAlSi12	10.0~13.0						153 143 133	2 4 4	50 50 50	形状复杂的砂型、金属型和压力铸造零件,如仪表、抽水机壳体,工作温度在 200 ℃ 以下、气密性低载荷的零件
	ZL105 ZAlSi5Cu1Mg	4.5~5.5	1.0~1.5	0.4~0.6				231 212 222	0.5 1.0 0.5	70 70 70	砂型、金属型和压力铸造的形状复杂、在 225 ℃ 以下工作的零件,如风冷发动机的汽缸头、机匣、油泵壳体等
	ZL108 ZAlSi12Cu2Mg1	11.0~13.0	1.0~2.0	0.4~1.0	0.3~0.9			192 251		85 90	砂型、金属型铸造的要求高温强度及低膨胀系数的高速内燃机活塞及其他耐热零件

续表 6-2

类别	合金牌号	化学成分 w（%）（余量为 Al）						力学性能(不低于)			用途举例
		Si	Cu	Mg	Mn	Zn	Ti	R_m /MPa	$A_{11.3}$ /%	HBW	
铝铜合金	ZL201 ZAlCu5Mn		4.5～5.3		0.6～1.0		0.15～0.35	290 330	8 4	70 90	砂型铸造在 175～300℃ 以下工作的零件，如支臂、挂架梁、内燃机汽缸头、活塞
	ZL202 ZAlCu10		9.0～11.0					104 163		50 100	形状简单、表面粗糙度要求较低的中等承载零件
铝镁合金	ZL301 ZAlMg10			9.5～11.5				280	9	60	砂型铸造的、在大气或海水中工作的零件，承受大振动载荷，工作温度不超过 150℃ 的零件
铝锌合金	ZL401 ZAlZn11Si7	6.0～8.0		0.1～0.3		9.0～13.0		241 192	1.5 2	90 80	压力铸造的、零件工作温度不超过 200℃、结构形状复杂的汽车、飞机零件等

铸造铝合金代号是：用"ZL"代表铸铝，后加三位数字表示。第一位数字表示合金类别，如 1 表示铝-硅（Al-Si）系，2 表示铝-铜（Al-Cu）系，3 表示铝-镁（Al-Mg）系，4 表示铝-锌（Al-Zn）系等。后两位数字为顺序号，顺序号不同，化学成分也不同。例如，ZL102 表示 2 号铝-硅系铸造铝硅合金。优质合金在后面加"A"。

1. 铝-硅系（Al-Si）铸造合金

铝-硅系铸造合金俗称硅铝明，是目前工程上应用最广泛的铸造合金。合金中加入的主要元素是硅，硅的作用是使膨胀系数减小，耐磨性、耐蚀性、硬度和强度提高。此外，还可以加入镁、铜、镍等元素，构成特殊的铝硅合金。

ZL102 是使用最普遍的铝-硅系（Al-Si）铸造合金。这类合金的特点是液体流动性好，收缩小，不易产生裂纹，适宜进行铸造。此外，铝-硅合金导热性好，密度小，耐腐蚀性好，常用来浇铸或压铸密度小而重量轻的有一定强度和复杂形状的零件，尤其是薄壁零件。如汽车发动机机壳、缸体及工作温度在 200℃ 以下、要求气密性好的承载零件。高强度的特殊铝-硅系合金还可以制造机器支臂、托架、挂架梁等。

ZL108 也是常用的铸造铝活塞材料。其性能特点是质量轻，耐蚀性好，线膨胀系数小，强度、硬度较高，耐蚀性和铸造性能也好。但这种合金对高温很敏感，工作温度一般控制在 300℃ 以下，超过这个温度时它的疲劳强度恶化屈服点就迅速下降。当温度达到 400℃，只要受到很小的载荷就会被破坏。另外，稀土铝合金（661）常用于制造柴油发动机的活塞，它的成分基本上与 ZL108 相同，只是又加入少量（$w_{RE} = 0.5\% \sim 1.5\%$）的稀土，这种铝合金的高温性能较好。铝硅合金活塞需进行固溶处理及人工时效处理，以提高其表面硬度。

2. 铝-铜系（Al-Cu）铸造合金

这类合金的特点是耐热性好，具有较高的高温强度，又能通过热处理来强化。最大缺点是耐蚀性差，随铜含量的增加，耐蚀性降低。铝-铜系合金常用于制造汽车、摩托车发动机的活塞和飞机的附件等。

3. 铝-镁系（Al-Mg）铸造合金

铝-镁系铸造合金的特点是密度小、强度高。此外，铝-镁系铸造合金耐蚀性好，能耐大气和海水腐蚀。但铸造性能较差，耐热性低，一般仅适用于 200 ℃ 以下工作的零件，这类合金可进行时效处理，通常采用自然时效。因此，常用来制造受冲击、振动、耐腐蚀和外形简单的零件以及接头等，在一定场合下可以替代不锈钢，例如舰船配件、氨用泵体等。在汽车上主要用于制造缸盖、底盘飞轮等零部件。

4. 铝-锌系（Al-Zn）铸造合金

铝-锌系铸造合金由于能溶入大量的锌（其极限溶解度为 32%），经变质处理和时效处理后，合金的强度显著提高，而且价格比较便宜；在合金中加入适量的锰、铁和镁，可以提高耐热性。其缺点是抗耐蚀性能较差，热裂倾向大。主要用于制造结构形状复杂的汽车、飞机的零件和医疗器械、仪表零件等。

某些小型汽车（如 BJ1040）的发动机缸盖用铸造铝合金制造。它具有质量轻、导热性好的优点，有利于提高发动机的压缩比，提高能源利用率。其缺点是在使用过程中易变形。在维修过程中铸造铝合金缸盖不能用碱水清洗，以免引起腐蚀。在拧紧缸盖螺栓、螺母时应考虑铸造铝合金的热膨胀，冷车时要按规定拧紧一些，注意不要拧得过紧，以防螺栓断裂。

四、铝合金的热处理

纯铝无同素异构转变，因此铝合金热处理机理与钢不同。铝合金是通过固溶-时效处理来提高强度、硬度和其他性能的，这种热处理也称强化处理。

（一）固溶处理

将铝合金加热到稍高于固溶线，保温适当时间，可得到均匀的单相 α 固溶体，然后在水中快速冷却，使第二相来不及析出，在室温下获得过饱和的 α 固溶体单相组织。此时铝合金的强度和硬度并没有明显升高，而塑性却得到改善，这种热处理称为固溶处理。

铝合金的固溶处理与钢的淬火虽然都是加热后快速冷却，但却有本质的区别。前者在冷却过程中，晶格类型没有发生变化，而后者晶格类型却发生了变化，由面心立方（奥氏体）转变为体心立方（马氏体）。

（二）时 效

铝合金固溶处理后应及时进行时效。由于固溶处理后获得的过饱和固溶体是不稳定的组织，有分解出第二相过渡到稳定状态的倾向。如果在一定温度下保持一定时间，使第二相从过饱和固溶体中缓慢析出，导致晶格畸变，从而使铝合金的强度和硬度得到显著提高，塑性明显下降，这种现象称为时效。在室温下进行的时效称为自然时效。在 100~200 ℃ 范围内进行的时效称为人工时效。人工时效温度越高，时效过程越短，但强化效果越差，超过 200 ℃，晶格畸变完全消失，已不具有强化效果了。

自然时效后的铝合金，在 230~250 ℃ 短时间（几秒至几分钟）加热后，快速水冷至室温时，可以重新变软。如再在室温下放置，则又发生正常的自然时效。这种现象称为回归。一切能时效硬化的合金都有回归现象。回归现象在实际生产中具有重要意义。时效后的铝合金可在回归处理后的软化状态进行各种冷变形。例如，利用这种现象，可随时进行飞机的铆接和修理。图 6-2 所示为自然时效后的铝合金在反复回归处理和再时效时的强度变化。

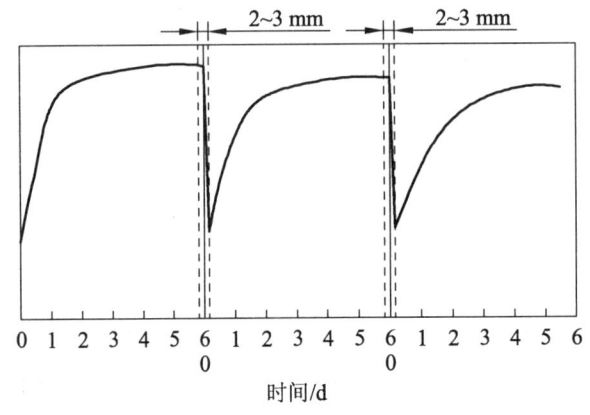

图 6-2 铝合金的回归和再时效示意图

(三) 退 火

变形铝合金的退火是为了消除加工硬化，便于再加工。它主要用于飞机蒙皮等形状复杂的钣金件，一般是加热到 350~450 ℃，保温后空冷。

不能热处理强化的铝合金零件，为了保持较高强度，适当增加塑性，可进行去应力退火，在 180~300 ℃ 加热后空冷。

铸造铝合金的退火可以消除铸造时的偏析和内应力，并使组织稳定、提高塑性。

第二节 铜及铜合金

铜及铜合金是汽车行业中不可缺少的材料。据统计，一辆载货汽车需要 20 kg 左右的铜。汽车上主要使用的有纯铜、黄铜和青铜。

一、纯 铜

铜是比较贵重的有色金属，其全世界产量仅次于钢和铝。纯铜中铜的质量分数为 99.7%~99.95%，它的新鲜表面呈玫瑰红色，表面形成氧化亚铜 Cu_2O 膜层后呈紫色，故工业纯铜常称紫铜或电解铜。纯铜的密度为 8.96 g/cm³,熔点为 1 083 ℃。纯铜具有良好的导电性,在所有金属中,铜的导电性略逊于银。铜的导热性及抗大气腐蚀性也很好,还是抗磁性金属。纯铜广泛用作电工导体、传热体、防磁器械及配制各种铜合金。

纯铜具有面心立方晶格,无同素异构转变现象。强度低、塑性好,可进行冷变形强化,但塑性下降显著。例如,当变形率为 50% 时,强度 R_m 从 230~250 MPa 提高到 400~430 MPa,塑性 A 由 40%~50% 降低到 1%~2%。纯铜的焊接性能良好,但强度低,不宜作结构材料。

纯铜中的杂质主要有 Si、Mn、S 和 P 等,它们对纯铜的性能影响极大,如 Si、Mn 可引起铜的"热脆",而 S、P 却能导致铜的"冷脆"。所以,在纯铜中必须控制杂质含量。

根据杂质含量的不同,工业纯铜分四种:T1、T2、T3、T4。"T"为铜的汉语拼音字首,其后的数字愈大,纯度愈低。工业纯铜的牌号、成分及用途见表 6-3。

表 6-3 工业纯铜的牌号、成分及用途

代号	牌号	w_{Cu}/%	杂质含量 w/%		杂质总含量 w/%	用 途
			Bi	Pb		
一号铜	T1	99.95	0.002	0.005	0.05	导电材料和配高纯度合金
二号铜	T2	99.90	0.002	0.005	0.1	电力输送用导电材料,制作电线、电缆等
三号铜	T3	99.70	0.002	0.01	0.3	电机、电工器材、电器开关、垫圈、铆钉、油管等
四号铜	T4	99.50	0.003	0.05	0.5	同以上三号铜

二、铜合金

铜中加入合金元素后,可获得较高的强度和硬度,韧性好,同时还保持了纯铜的某些优良性能。一般将铜合金分为黄铜、青铜和白铜三大类。

(一) 黄 铜

黄铜是以锌为主要合金元素的铜合金。按化学成分不同,黄铜分为普通黄铜、特殊黄铜两种。其牌号用"黄"字汉语拼音字首"H"来表示,其后附以数字表示铜的平均质量分数,余量为锌。例如,H70 表示平均铜的质量分数为 70%、锌的质量分数为 30% 的普通黄铜。

1. 普通黄铜

普通黄铜是铜-锌(Cu-Zn)二元合金。普通黄铜的组织和力学性能受锌的质量分数的影响。

当 w_{Zn} < 32% 时,合金的组织由单相面心立方晶格的 α 固溶体构成,塑性好。随锌含量分数的增加,合金的强度和塑性均增加,其显微组织如图 6-3 所示。当 w_{Zn} > 32% 后,合金组织中开始出现 β 相。β 相为以金属化合物 CuZn 为基体的无序固溶体,呈体心立方结构,塑性好,可进行热加工。但当温度下降到 456~468 ℃ 时,β 相发生有序化,转变为有序固溶

体 β 相,其显微组织如图 6-3 所示。β 相很脆,不易进行加工。此时,合金的塑性随锌的质量分数的增加开始下降,而强度仍然在上升,因为少量 β 相存在对强度并无不利的影响。当 $w_{Zn} > 45\%$ 之后,β 相已占合金组织的大部分直至全部,其强度急剧下降,塑性继续降低。所以,工业黄铜中锌含量一般不超过 47%。

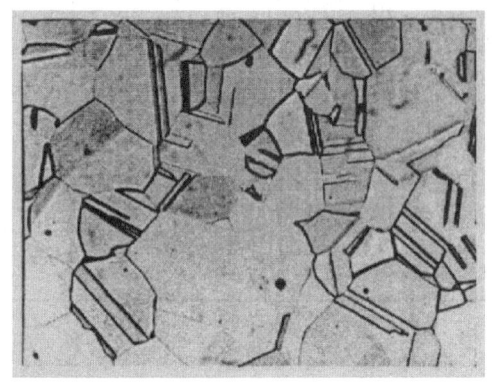

(a) 单相黄铜 α　　　　　　　　　　　(b) 双相黄铜 α+β′

图 6-3　Cu-Zn 合金的显微组织

普通黄铜的退火组织可分为单相黄铜(或 α 黄铜)和双相黄铜(或 α+β 黄铜)。常用的单相黄铜有 H80、H70、H68 等,其塑性好,可进行冷、热加工。这类黄铜适于制作冷轧钢板、冷拉线材、管材及形状复杂的深冲零件。双相黄铜有 H62、H59 等,其室温组织为 α+β,由于 β 相很脆,故不适于冷变形加工。但当加热使 α 转变为 β 后,便可进行热变形加工。通常热轧成棒材、板材。这类黄铜可铸造。

黄铜具有良好的耐海水和耐大气腐蚀能力,并且单相黄铜优于双相黄铜。但经冷加工的黄铜制品存在残留应力,如果处在潮湿大气或海水中,特别是在含氨的介质中,容易发生应力腐蚀,使黄铜开裂,这种现象叫做应力腐蚀开裂,或"季裂"。因此,冷加工后的黄铜应进行去应力退火(在 250 ~ 300 ℃ 中进行加热,保温 1 ~ 3 h),以消除内应力,或加入适量的锡、硅、铝、锰、镍等元素来显著降低对应力腐蚀开裂的敏感性。普通黄铜的力学性能、工艺性和耐蚀性较好,应用广泛。

常用黄铜的牌号、化学成分、力学性能及用途见表 6-4。

表 6-4　常用黄铜的牌号、化学成分、力学性能及用途

类别	牌号	主要成分 w/%(余量为 Zn)		制品种类	力学性能		用途举例
		Cu	其他		R_m/MPa	A/%	
普通黄铜	H80	79 ~ 81		板、条、带、箔、棒、线、管	265 ~ 392	50	色泽美观,用于镀层及装饰
	H68	67 ~ 70			294 ~ 392	40	管道、散热器、铆钉、螺母等
	H62	60.5 ~ 63.5			294 ~ 412	35	散热器、垫圈、垫片等

续表 6-4

类别	牌号	主要成分 w/% （余量为 Zn）		制品种类	力学性能		用途举例
		Cu	其他		R_m/MPa	A/%	
特殊黄铜	HPb59-1	57~60	Pb 0.8~1.9	板、带、管、棒、线	343~441	25	切削加工性好、强度高，用于热冲压和切削加工件
	HMn58-2	57~60	Mn 1.0~2.0	板、带、棒、线	382~588	35	耐腐蚀零件和弱电流条件下工作的零件
铸铝黄铜	ZCuZn31A12	66~68	Al 2.0~3.0	砂型铸造、金属型铸造	295~390	12~15	要求耐蚀性较高的零件
铸硅黄铜	ZCuZn16Si4	79~81	Si2.5~4.5	砂型铸造、金属型铸造	345~390	15~20	接触海水工作的管配件及水泵叶轮、旋塞等

2. 特殊黄铜

为了获得更高的强度、抗蚀性和良好的铸造性能，在铜-锌合金中加入铅、锡、铝、镍、铁、硅、锰等元素，形成各种特殊黄铜：铅黄铜、锡黄铜、铝黄铜、镍黄铜、铁黄铜及硅黄铜等。代号用"H + 主加元素符号 + 铜的质量分数 + 主加元素的质量分数"表示。例如，HPb61-1，表示平均成分为 w_{Cu} = 61%、w_{Pb} = 1%、其余为锌的铅黄铜。

特殊黄铜中若加入的合金元素较少，则塑性会较高，也称为压力加工特殊黄铜。加入的合金元素较多，则强度和铸造性能好，称为铸造用特殊黄铜，代号中用"Z"表示"铸造"。加入铝、锡、锰、镍的铜合金还能提高抗蚀性和耐磨性。

（二）青 铜

青铜原指铜-锡（Cu-Sn）合金，但现在工业上习惯把以含铝、硅、铅、铍、锰等为主加元素的铜合金统称为青铜。所以青铜实际上包括有锡青铜（Cu-Sn）、铝青铜（Cu-Al）、铍青铜（Cu-Be）等。青铜也可分为加工青铜（以青铜加工产品的形式供应）和铸造青铜两类。

青铜的牌号是：Q + 主加元素符号 + 主加元素的质量分数 + 其他元素的质量分数。其中"Q"表示"青铜"，例如：QSn4-3 表示含 w_{Sn} = 4%、w_{Zn} = 3%、其余为 Cu 的锡青铜。铸造青铜是在编号前加"Z"字。

常用青铜合金的牌号、化学成分、力学性能及用途举例见表 6-5。

表 6-5 常用青铜合金的牌号、化学成分、力学性能及用途举例

类别	牌号	主要成分 w/% （余量为 Cu）		制品种类	力学性能		用途举例
		Sn	其他		R_m/MPa	A/%	
压力加工锡青铜	QSn4-3	3.5~4.5	Zn 2.7~3.3	板、带、棒、线	350	40	较次要的零件，如弹簧、管配件和化工机械等
	QSn6-5-0.1	6.0~7.0	P 0.1~0.25	板、带、棒	300 500 600	38 5 1	耐磨件、弹簧零件等
	QSn4-4-2.5	3.0~5.0	Zn 3.0~5.0 Pb 1.5~3.5	板、带	300-350	35-45	轴承、轴套、衬垫等
铸造锡青铜	ZCuSn10Zn2	9.0~11.0	Zn 1.0~3.0	金属型铸造	245	6	中等或较高负荷下工作的重要管配件，如泵、阀、齿轮等
				砂型铸造	240	12	
	ZCuSn10P1	9.0~11.5	P 0.5~1.0	金属型铸造	310	2	重要的轴瓦、齿轮、连杆和轴套等
				砂型铸造	220	3	
铝青铜	ZCuAl10Fe3	Al 8.5~11.0	Fe 2.0~4.0	金属型铸造	540	15	重要用途的耐磨、耐蚀重型铸件，如轴套、螺母、涡轮等
				砂型铸造	490	13	
铍青铜	QBe2	Be 1.9~2.2	Ni 0.2~0.5	板、带、棒、线	500	3	重要仪表的弹簧、齿轮等
铅青铜	ZCuPb30	Pb 27~33		金属型铸造			高速双金属轴瓦、减摩零件等

1. 锡青铜

锡青铜是以锡为主加元素的铜合金。锡青铜的组织和力学性能与锡含量的多少有关。

当 $w_{Sn} < 5\% \sim 6\%$ 时，合金的铸态或退火态组织为 α 单相固溶体，随着 w_{Sn} 的增加，合金的强度和塑性均增加。当 $w_{Sn} > 5\% \sim 6\%$ 时，合金组织中出现硬而脆的 δ 相（$Cu_{31}Sn_8$ 为基体的固溶体），合金塑性急剧下降，但强度继续增高。当 $w_{Sn} > 20\%$ 以上时，大量 δ 相使强度显著下降，合金变得硬而脆，无使用价值。所以，工业用锡青铜的 w_{Sn} 一般为 3%~14%。

$w_{Sn} < 8\%$ 的锡青铜塑性好，适于压力加工，也称为加工锡青铜。而 $w_{Sn} > 10\%$ 的锡青铜，由于塑性差只适于铸造，成为铸造锡青铜。铸造锡青铜流动性差，易形成疏松，组织不致密。但它在凝固时尺寸收缩小，特别适于铸造对外形尺寸要求严格的铸件。

锡青铜的抗蚀性优于纯铜及黄铜，特别是在大气、海水等环境中，其优越性更为明显。但在酸类及氨水中，其耐蚀性较差。此外，锡青铜耐磨性好，多用于制造轴瓦、轴套等耐磨零件。

2. 铝青铜

铝青铜是以铝为主加元素的铜合金。铝青铜的力学性能比黄铜和锡青铜高。铝青铜的力学性能受铝含量 w_{Al} 的影响很大。

在铸造状态下，当 $w_{Al} < 5\%$ 时强度很低，大于 5% 后强度上升较高，在 10% 左右时强度最高，多在铸态或经热加工后使用。$w_{Al} = 5\% \sim 7\%$ 的铝青铜塑性最好，适于冷加工。$w_{Al} > 7\% \sim 8\%$ 后，塑性急剧降低。高于 12% 时铝青铜塑性很差，加工困难。因此实际应用的铝青铜的 w_{Al}

一般在 5% ~ 12% 之间。

铝青铜的结晶温度范围很小，流动性好，缩孔集中，易获得致密的铸件，并且不形成枝晶偏析。铝青铜的耐蚀性优良，在大气、海水及大多数有机酸中的耐蚀性均比黄铜和锡青铜高，耐磨性也比黄铜和锡青铜好，常用来制造强度及耐磨性要求较高的零件，如齿轮、蜗轮、轴承等。

3. 铍青铜

铍青铜是以铍为主加元素的铜合金。w_{Be} 为 1.7% ~ 2.5%。由于铍在铜中的溶解度随温度变化很大，温度在 866 ℃ 时，最大溶解度为 2.7%，而在室温时却只有 0.2%，故铍青铜进行固溶时效处理后，可获得很高的硬度和强度，抗拉强度 R_m 最大可达 1 500 MPa，硬度可达 350 ~ 400 HBW，超过其他铜合金。铍青铜的力学性能与铍含量及热处理有关。

随着 w_{Be} 的增加，铍青铜的强度和硬度急剧增高，而塑性则下降不多；当 w_{Be} > 2% 后，强度和硬度少量增加，而塑性显著降低。

铍青铜不仅强度高、疲劳抗力高、弹性好，而且抗蚀、耐热、耐磨等性能均好于其他铜合金；导电性和导热性优良，而且具有抗磁、受冲击时不产生火花等特殊性质。铍青铜主要用于制造精密仪器、仪表中重要的弹性元件，如钟表齿轮、电焊机电机及防爆工具、航海罗盘等重要零件。但铍青铜工艺复杂，价格较高。

(三) 白 铜

以镍为主要合金元素的铜合金称为白铜。普通白铜仅含铜和镍，其代号为"B + 镍的平均质量分数"。例如，B19 表示 w_{Ni} = 19%、余量为铜的普通白铜。普通白铜中加入锌、锰、铁等元素后分别叫做锌白铜、锰白铜、铁白铜。代号为"B + 其他元素符号 + 镍的平均质量分数 + 其他元素的平均质量分数"。例如，BZn15-20 表示含 w_{Ni} = 15%、w_{Zn} = 20%、w_{Cu} = 65%的锌白铜。

在固态下，铜与镍无限固溶，因此工业白铜的组织为单相 α 固溶体，有较好的强度和优良的塑性，能进行冷、热变形。冷变形能提高强度和硬度。它的抗蚀性很好，电阻率较高。主要用于制造船舶仪器零件、化工机械零件及医疗器械等。锰含量高的锰白铜可制作热电偶丝。常用白铜的代号、化学成分、力学性能和用途见表 6-6。

表 6-6 常用白铜的牌号、化学成分、力学性能及用途

类别	代号	主要成分 w/%				力学性能			用途
		Ni(+Co)	Mn	Zn	Cu	加工状态	R_m/MPa	A/%	
普通白铜	B25	29.0 ~ 33.0			余量	软 硬	380 550	23 3	船舶仪器零件，化工机械零件
	B19	18.0 ~ 20.0			余量	软 硬	300 400	30 3	
	B5	4.4 ~ 5.0			余量	软 硬	200 400	30 10	
锌白铜	BZn15-20	13.5 ~ 16.5		余量	62.0 ~ 65	软 硬	350 550	35 2	潮湿条件下或强腐蚀介质中的仪表零件
锰白铜	BMn3-12	2.0 ~ 3.5	11.5 ~ 13.5		余量	软 硬	360	25	弹簧
	BMn40-1.5	42.5 ~ 44.0	1.0 ~ 2.0		余量	软 硬	400 600		热电偶丝

第三节　滑动轴承合金

轴承是汽车、拖拉机、机床及其他机器中的重要部件，其作用是支撑轴进行转动，并减轻轴的转动和减少轴的磨损。目前机器中使用的轴承有滚动轴承和滑动轴承两类。虽然滚动轴承的应用比较广泛，但由于滑动轴承具有承压面积大、工作平稳、噪声小，制造、维修、拆装方便等优点，在重载高速的场合还是被广泛地应用。例如，汽车的曲轴轴承、连杆轴承、凸轮轴轴承均为滑动轴承。在滑动轴承中，用于制造轴瓦及其内衬的合金材料称为铸造轴承合金。

一、对滑动轴承合金的性能要求

滑动轴承中的轴瓦与内衬直接与轴颈配合使用，轴承在工作时，不仅要承受轴的压力，而且轴与轴承之间会产生强烈的摩擦，还要承受交变载荷和冲击载荷的作用。由于轴是机器上的重要零件，其制造工艺复杂，成本高，更换困难，为确保轴受到最小的磨损，轴瓦的硬度应比轴颈低得多，必要时可更换被磨损的轴瓦而继续使用轴。

为了使轴的磨损减少到最小限度和保证轴承有足够的支承能力，以保证轴承正常工作，轴承合金必须具备以下要求：

a. 具有良好的磨合性，使其与轴能较快地紧密配合。
b. 足够的强度和硬度，以承受轴颈较大的单位压力。
c. 足够的塑性和韧性，便于加工和抵抗冲击和振动。
d. 有微孔储存润滑油，使接触表面形成油膜，减轻磨损，使摩擦系数小。
e. 良好的耐蚀性、导热性和较小的膨胀系数，防止摩擦升温而发生咬合。
f. 良好的工艺性能，使之制造容易，价格便宜。

一种材料无法同时满足上述性能要求，可将滑动轴承合金用铸造的方法镶铸在08钢的轴瓦上，制成双金属轴承。

二、轴承合金的组织

轴承合金应具备软硬兼备的理想的组织，即：软基体和均匀分布的硬质点；硬基体上分布着软质点。轴承在工作时，软的组织首先被磨损下凹，可储存润滑油，形成连续分布的油膜；硬的组成部分则起着支承轴颈的作用。这样，轴承与轴颈的实际接触面积大大减少，使轴承的摩擦减少。为了满足以上性能要求，除考虑合金的化学成分外，更主要的是注意其组织的特殊作用。单纯地用硬的或软的组织都不行，应当是软基体加硬质点或硬基体加软质点，如图6-4所示。

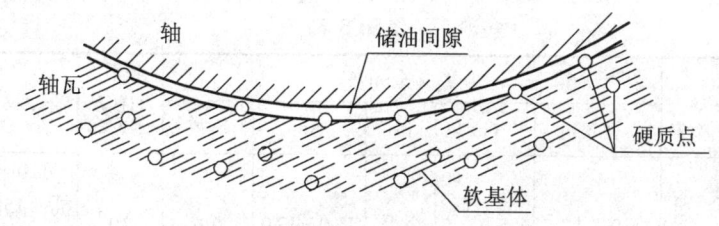

图 6-4 轴承合金的理想组织示意图

(一) 软的基体上分布着硬质点

在工作中,软基体很快磨损凹陷,可储存润滑油,使轴与轴瓦间形成连续油膜起到良好的润滑作用,减少轴和轴承的磨损,硬质点将突出于基体上,以支承轴的压力,一旦负载过大时,凸起的硬质点被压入软的基体中,从而避免了轴的擦伤。这类组织的轴承合金主要是巴氏合金,它们具有较好的磨合性与抗冲击、振动的能力;但难以承受高载荷。

(二) 较硬基体上分布着软的质点

这类轴承合金基体的硬度低于轴颈硬度,但较软基体硬,能承受较大载荷。基体上分布着软的质点,具有低的摩擦系数,但磨合性较差。这类组织的轴承合金有铜基、铝基轴承合金。

必须指出,十分理想的轴承合金是很难找到的,只能是接近理想状态,有的甚至相差很大。所以,任何一种轴承合金都有其一定的优缺点,只能在一定条件下使用。

三、常用轴承合金

轴承合金常用的材料有金属(轴承合金、青铜、铝基合金、锌基合金等)、非金属(塑料、橡胶)、含油轴承等。

一些常用轴承合金的牌号、化学成分、力学性能及用途见表 6-7。

图 6-7 常用轴承合金的牌号、化学成分、力学性能及用途

类别	牌号	化学成分 w/%					硬度/HBW 不小于	用途
		Sb	Cu	Pb	Sn	杂质		
锡基轴承合金	ZSnSb12Pb10Cu4	11.0~13.0	2.5~5.0	9.0~11.0	余量	0.55	29	一般发动机的主轴承,但不适于高温工作
	ZSnSb11Cu6	10.0~12.0	5.5~6.5	—	余量	0.55	27	1 500 kW 以上蒸汽机、370 kW 涡轮压缩机、涡轮泵及高速内燃机轴承
	ZSnSb8Cu4	7.0~8.0	3.0~4.0	—	余量	0.55	24	一般大机器轴承及高载荷汽车发动机的双金属轴承
	ZSnSb4Cu4	4.0~5.0	4.0~5.0	—	余量	0.50	20	涡轮内燃机的高速轴承及轴承衬

续图 6-7

类别	牌号	化学成分 w/%					硬度/HBW 不小于	用途
		Sb	Cu	Pb	Sn	杂质		
铅基轴承合金	ZPbSb16Sn16Cu2	15.0~17.0	1.5~2.0	余量	15.0~17.0	0.6	30	110~880 kW 蒸汽涡轮机、150~750 kW 电动机和小于1 500 kW 起重机及重载推力轴承
	ZPbSb15Sn5Cu3Cd2	14.0~16.0	2.5~3.0	余量	5.0~6.0	0.4	32	船舶机械、小于250 kW 电动机、抽水机轴承
	ZPbSb15Sn10	14.0~16.0	—	余量	9.0~11.0	0.5	24	中等压力机械,也适于高温轴承
	ZPbSb15Sn5	14.0~15.5	0.5~1.0	余量	4.0~5.5	0.75	20	低速、轻压力机械轴承
	ZPbSb10Sn6	9.0~11.0		余量	5.0~7.0	0.75	18	重载荷、耐蚀、耐磨轴承
铜基轴承合金	ZCuPb30		余量	30			25	高速高压航空发动机、高压柴油机轴承
	ZCuSn10P1		余量		9.0~14.0	0.6~1.2	90	高速高载柴油机轴承

工业上应用最广的轴承合金是锡基和铅基轴承合金(又成为巴氏合金)。其铸造轴承合金的牌号表示方法为"Z+基体元素+主加元素+主加元素的质量分数+辅加元素+辅加元素的质量分数"。牌号中的"Z"为"铸"字的汉语拼音字首。例如,ZSnSb8Cu4 表示铸造锡基轴承合金,基体元素为锡,主加元素锑的质量分数为8%,辅加元素铜的质量分数为4%,余量为锡。巴氏合金的价格较贵,且力学性能较低,通常是采用铸造的方法将其镶铸在钢(08钢)的轴瓦上形成双金属轴承使用。

常见的锡基与铅基轴承合金有以下几种。

(一) 锡基轴承合金(锡基巴氏合金)

它是以锡为基础,加入锑、铜等元素组成的合金。其组织是以锑溶入锡形成的 α 固溶体为软基体,以化合物 SnSb 和 Cu_6Sn_5 形成硬质点及骨架。

这种合金摩擦系数小,塑性、导热性好,是优良的减摩材料,常用作最重要的轴承,如汽轮机、发动机、内燃机等大型机器的高速轴承。它的主要缺点是疲劳强度较低,价格贵。使用温度不能高于 150 ℃。

(二) 铅基轴承合金(铅基巴氏合金)

铅基轴承合金是以铅-锑为基础,加入锡、铜等元素,其硬度、强度、韧性均较锡基合金低,且摩擦系数较大,但价格便宜。这种合金常用来制造承受中、低载荷的中速轴承,如汽车、拖拉机曲轴轴承、连杆轴承及电动机轴承。使用工作温度不超过 120 ℃。

(三) 铜基轴承合金

铜基轴承合金有铅青铜、锡基铜等。该合金与巴氏合金相比，铜基轴承合金是硬的基体上均匀分布着软的质点，具有高的疲劳强度和承受能力，优良的耐磨性、导热性和低的摩擦系数，能在较高温度（250 ℃）下正常工作，因此可制造高速、重载的重要轴承，例如航空发动机、高速柴油机的轴承等。常用牌号是 ZCuSn10P1、ZCuPb30。

(四) 铝基轴承合金

铝基轴承合金是以铝为基础，加入锡等元素组成的合金。铝基轴承合金是一种新型减摩材料，具有密度小、导热性好、疲劳强度高和耐蚀性好等优点，并且原料丰富，价格低廉，但其膨胀系数大，运转时容易与轴咬合。

目前以高锡铝基轴承合金应用为最为广泛，适合于制造高速（13 m/s）、重载（3 200 MPa）的发动机轴承，常用牌号为 ZAlSn6Cu1Ni1。

汽车上目前广泛应用的是高锡铝基轴承合金。它是以铝为基础，加入约 20% 的锡和约 1% 的铜所组成的合金——20 高锡铝基轴承合金。它的组织是在硬基体（铝）上均匀分布着球状的软质点（锡）。20 高锡铝基轴承合金具有价格较低、密度小、耐磨性好、疲劳强度较高、导热性好等优点。其可靠性比锡基轴承合金好。当汽车在较差路面上行驶时，即使超荷也不会发生轴承合金剥落，寿命较长，在正常使用情况下其寿命可达 10 万多公里。20 高锡铝基轴承合金广泛应用于 EQ1090、SH760、JN1150/100、JN1150/106 以及丰田、日产等进口小轿车上。然而，20 高锡铝基轴承合金的不足之处是膨胀系数大、冷起动困难，易发生与轴咬合，故安装时必须留有较大间隙，即刮研轴瓦时，配合间隙要比原厂规定的稍大些。

除以上轴承合金外，粉末冶金含油轴承、聚氨酯橡胶、聚四氟乙烯工程塑料等也可作滑动轴承或衬套材料。

第四节 粉末冶金材料

用金属粉末（或金属粉末与非金属粉末的混合物）作原料，经过压制成形并烧结所制成的合金称为粉末合金，这种生产过程称为粉末冶金法。由于生产粉末合金与生产陶瓷有相似之处，因此也称之为金属陶瓷法。

一、粉末冶金工艺简介

粉末冶金工艺过程包括制粉、筛分与混合、压制成形、烧结及后处理等几个工序。

(一) 制 粉

制粉通常用以下几种方法将原料破碎成粉末：

a. 机械破碎法，如用磨粉机粉碎金属原料。
b. 熔融金属的气流粉碎法，如用压缩空气流、蒸汽流或其他气流将熔融金属粉碎。
c. 氧化物还原法，如用固体或气体还原剂把金属氧化物还原成粉末。
d. 电解法，在金属盐的水溶剂中电解沉积金属粉末。

(二) 筛分与混合

目的是使粉料中的各组元均匀化。为了改善粉末的成形性和可塑性，在粉料中加入汽油橡胶液或石蜡等增塑剂。

(三) 压制成形

成形的目的是将松散的粉料通过压制或其他方法制成具有一定形状、尺寸的压坯。常用的成型方法为模压成形。它是将混合均匀的粉末装入压模中，然后在压力机上压制成形。

(四) 烧　结

压坯只有通过烧结，使孔隙减少或消除，增大密度，才能成为"晶体结合体"，从而具有一定的物理性能和力学性能。烧结是在保护性气体（煤气、氢气等）的高温炉或真空炉中进行的。

(五) 后处理

烧结后的大部分制品即可直接使用。当要求密度、精度高时，可进行最后复压加工，称为精整。有的需经浸渍，如含油轴承；有的需要热处理和切削加工等。

二、粉末冶金的特点与应用

粉末冶金是一项很有发展前途的新技术、新工艺，已广泛应用在农机、汽车、机床、冶金、化工、轻工、地质勘探、交通运输等各方面。粉末冶金材料有工具材料及机械零件和结构材料。工具材料大致有粉末高速钢、硬质合金、超硬材料、陶瓷工具材料及复合材料等。机械零件和结构材料有粉末减摩材料，包括多孔减摩材料和致密减摩材料；粉末冶金铁基零件及粉末冶金非铁金属零件等。

粉末冶金法是制取具有特殊性能金属材料的方法，如减摩材料、摩擦材料、工具材料等。同时，粉末冶金法又是一种精密的无切屑或少切屑的加工方法。粉末冶金产品基本达到或接近零件要求的形状、尺寸精度与表面粗糙度，从而节省机加工时、节省机床、节约金属材料、提高劳动生产率、提高材料的利用率。

但是，粉末冶金法也会带来许多问题，如制粉成本高；压制的巨大压力使制品的尺寸受到限制；压模的成本高，只宜大批量生产；粉末的流动性差，不易制造形状复杂件，粉末冶金材料的韧性较差等。

粉末冶金法主要用来制造：各种衬套和轴套、多孔含油轴承、齿轮、凸轮、制动器和离合器等；熔炼法不能生产的电接触材料；硬质合金、金刚石、金属组合材料；各种金属陶瓷磁性材料、过滤材料；钨、钼、钽、铌等难熔金属材料和高温金属陶瓷等。还可用粉末冶金法生产高速钢，避免碳化物偏析，性能优于熔炼高速钢。

三、典型粉末冶金材料

(一) 硬质合金

硬质合金由硬质基体（质量分数为 70%～97%）和粘结金属两部分组成。硬质基体是难熔金属的碳化物，如碳化钨及碳化钛等；粘结金属为铁族金属及合金，以钴为主。

硬质合金是将难熔金属碳化物（碳化钨、碳化钛）粉末和粘结剂（主要是钴）混合，加压成形后烧结而成的一种粉末冶金材料。硬质合金材料大量应用于各种加工用刀具。通常用高速钢制造的刀具，在 600～650 ℃ 以上工作时，由于硬度降低，刀具很快磨损。因此，在高速切削的情况下，往往采用硬质合金做刀具。

1. 硬质合金的特点

硬质合金的特点主要表现在以下几个方面：

a. 硬度高、热硬性高、耐磨性好。常温下最高硬度可达 93 HRA，相当于 81 HRC 左右，热硬性可达 900～1 000 ℃。因此，其切削速度比高速钢可提高 4～7 倍，刀具寿命可提高 5～80 倍，可切削硬度高达 50 HRC 左右的硬质材料。

b. 抗压强度高。常温下工作时，无明显的塑性变形，抗压强度可达 6 000 MPa，900 ℃ 时抗弯强度可达到 1 000 MPa 左右。

c. 耐腐蚀性（抗大气、耐酸、耐碱）和抗氧化性好。

d. 线膨胀系数小，电导率和热导率与铁和铁合金相近。

由于硬质合金的硬度高、性脆，不能进行机械加工，故常将其制成一定形状的刀片，镶焊在刀体上使用。

2. 硬质合金的组成、分类和牌号

硬质合金为一种优良的工具材料，主要用作切削刀具、金属成形工具、矿山工具、表面耐磨材料及高刚性结构部件。各类硬质合金中，碳化物是合金的骨架，起坚硬耐磨作用。钴起粘结作用，并提高韧性。钨钴类硬质合金一般加工铸铁、有色金属及其合金；钨钛钴类硬质合金由于碳化钛的加入，具有较高的热硬性。同时，由于这类合金表面会形成一层氧化钛薄膜，切削时不易粘刀，故具有较高的热硬性。但其强度和韧性比钨钴类硬质合金低。钨钛钴类硬质合金适宜加工各种钢材。同一类合金中，含钴量较高者适宜制造粗加工刀具；反之，则适宜制造精加工刀具。通用硬质合金兼有上述两类优点，它适合切削各种钢材，特别对于不锈钢、耐热钢、高锰钢等难于加工的钢材，切削效果更好。它也可以代替钨钴类硬质合金

用于加工铸铁等脆性材料,但韧性较差。硬质合金类型有含钨硬质合金、钢结硬质合金、涂层硬质合金、细晶粒硬质合金等。含钨硬质合金按其成分和性能特点分为钨钴类(WC-Co 系)、钨钛钴类(WC-TiC-Co 系)、钨钛钽(铌)类(WC-TiC-TaC(NbC)-Co 系、WC-TaC(NbC)-Co 系)等。

(1) 钨钴类硬质合金

钨钴类硬质合金的主要化学成分是碳化钨(WC)及钴。其代号用"Y、G"加数字表示。"Y、G"为"硬"、"钴"两个字的汉语拼音字首,数字表示钴的质量分数的 100 倍。例如 YG6,表示钨钴类硬质合金、钴平均质量分数为 $w_{Co}= 6\%$,余量为碳化钨。代号后一部分汉语拼音字母的意义为:X 为细颗粒;A 为含有少量的 TaC 合金;N 为含有少量的 NbC 合金;C 为粗颗粒。数字越大,钴的质量分数愈高,韧性愈好、硬度愈低。

该类合金的抗弯强度高,能承受较大的冲击,磨削加工性较好,但热硬性较低(800 ~ 900 °C),耐磨性较差,主要用于加工铸铁和非铁金属的刃具。

(2) 钨钛钴硬质合金

钨钛钴类硬质合金的主要化学成分是碳化钨、碳化钛(TiC)及钴。其代号用"YT"加数字表示。"Y、T"为"硬"、"钛"两个字的汉语拼音字首,数字表示碳化钛的质量分数的 100 倍。例如 YT15,表示钨钴钛类硬质合金、TiC 平均质量分数为 $w_{TiC}= 15\%$,余量为碳化钨(WC)及钴(Co)。数字越大,硬度越高。

该类硬质合金的热硬性高(900 ~ 1 100 °C),耐磨性好,但抗弯强度较低,不能承受较大的冲击,磨削加工性较差,主要用于加工钢材。

(3) 通用硬质合金

钨钛钽(铌)类硬质合金又称为通用硬质合金或万能硬质合金。它是由碳化钨、碳化钛、碳化钽(TaC)或碳化铌(NbC)和钴组成。其代号用"Y、W"加顺序号表示。"Y、W"为"硬"、"万"两个字的汉语拼音字首。它是以碳化钽(TaC)或碳化铌(NbC)取代 YT 类硬质合金中的一部分 TiC,取代的数量越多,在硬度不变的条件下,硬质合金抗弯强度越高。

它的热硬性高(>1 000 °C),其他性能介于钨钴类与钨钛钴类之间,它既能加工钢材,又能加工非铁金属。

(4) 钢结硬质合金

钢结硬质合金是一种新型的工模具材料,其性能介于高速工具钢和硬质合金之间。它是一种或几种碳化物(如 TiC 和 WC)为硬化相,以碳钢或合金钢(如高速工具钢或铬钼钢)粉末为粘结剂,经配料、混合、压制和烧结而制成的粉末冶金材料。

钢结硬质合金的代号用"硬"、"结"两个字的汉语拼音字首"Y、E"加数字表示。数字表示碳化钨的含量。例如 YE50,表示钢结硬质合金,$w_{WC}= 50\%$。

钢结硬质合金坯料与钢一样可进行锻造、热处理、焊接与切削加工。它经淬火、低温回火后具有相当于硬质合金的高硬度和耐磨性,一定的耐热、耐蚀和抗氧化性等特性。用作刃具时,其寿命与 YG 类硬质合金差不多,大大超过合金工具钢;用作高负荷冷冲模时,由于具有一定韧性,寿命比 YG 类提高很多倍。由于它可切削加工,故适宜制造各种形状复杂的刃具(如麻花钻头、铣刀等)、模具及要求刚度大、耐磨性好的机械零件,如镗杆、导轨等。

3. 硬质合金的性能及应用

（1）性能

硬质合金的硬度高，室温下达到 86~93 HRA，耐磨性好，切削速度比高速工具钢高 4~7 倍，刀具寿命高 5~80 倍，可切削 50 HRC 左右的硬质材料；抗弯强度高，达 6 000 MPa，但抗弯强度较低，约为高速工具钢的 1/3~1/2，韧性差，约为淬火钢的 30%~50%；耐蚀性和抗氧化性良好；线膨胀系数小，但导热性差。

（2）应用

硬质合金主要用于制造高速切削或加工高硬度材料的切削刀具，如车刀、铣刀等；也用作模具材料（如冷拉模、冷冲模、冷挤模等）及量具和耐磨材料。根据 GB2075—87 规定，切削加工用硬质合金按切削排出形式和加工对象范围不同，分为 P、M、K 三个类别，同时又依据加工材质和加工条件不同，按用途进行分组，在类别后面加一组数字组成代号，如 P01、P10、P20…，每一类别中，数字越大，韧性越好，耐磨性越低。

（二）粉末高速钢

高速钢的合金元素含量高，采用熔铸工艺时会产生严重的偏析使力学性能降低，金属的损耗也大，高达钢锭重量的 30%~50%。粉末高速钢可减少或消除偏析，获得均匀分布的细小碳化物，具有较大的抗弯强度和冲击强度，韧性提高 50%，磨削性也大大提高，热处理时畸变量约为熔炼高速钢的十分之一，工具寿命提高 1~2 倍。采用粉末冶金方法还可进一步提高合金元素的含量以生产某些特殊成分的钢。例如，成分为 9W-6Mo-7Cr-8V-8Co-2.6C 的 A32 高速钢，切削性能是熔炼高速钢的 1~4 倍。常用高速钢牌号为 W18Cr4V 和 W6Mo5Cr4V2，含有 0.7%~0.9% 的 C 及 10% 的钨、铬、钼、钒等合金元素。其中碳保证高速钢具有高硬度和高耐磨性，钨和钼提高钢的热硬性，铬提高钢的淬透性，而钒则提高钢的耐磨性。

（三）铁和铁合金的粉末冶金

在粉末冶金生产中，铁粉的用量比其他金属粉末大得多。铁粉的 60%~70% 用于制造粉末冶金零件。主要类型有铁基材料、铁镍合金、铁铜合金及铁合金和钢。粉末冶金铁基结构零件具有精度较高、表面粗糙值小、不需或只需少量切削加工、节省材料、生产率高、制品多孔，可浸润滑油、减摩、减振、消声等特点，广泛用于制造机械零件，例如机床上的调整垫圈、调整环、端盖、滑块、底座、偏心轮，汽车中的油泵齿轮、活塞环，拖拉机上的传动齿轮、活塞环以及接头、隔套、油泵转子、挡套、滚子等。

粉末冶金铁基结构材料的牌号用"粉"、"铁"、"构"三个字的汉语拼音字首"FTG"，加化合碳含量的万分数、主加合金元素的符号及其含量的百分数、辅加合金元素的符号及其含量的百分数和抗拉强度组成。例如：FTG60-20，表示化合碳量 0.4%~0.7%、抗拉强度 200 MPa 的粉末冶金铁基结构材料；FTG60Cu3Mo-40，表示化合碳量 0.4%~0.7%、合金元素含量 Cu2%~4%、Mo0.5%~1.0%、抗拉强度 400 MPa 的粉末冶金铁基结构材料；FTG60Cu3Mo-40（55R），表示该烧结铜钼钢热处理后的抗拉强度为 550 MPa。

(四) 摩擦材料和减摩材料

粉末冶金摩擦材料是一种复合材料，它由高摩擦系数组元、高耐磨组元和高机械强度的组元所组成，用作离合器和制动器材料；粉末冶金减摩材料能够控制材料的孔隙，而这些孔隙中可以浸渗油，也能以固体润滑剂分布在金属里的复合材料的形式来制造，其中自润滑轴承在粉末冶金制品中占有重要的地位。摩擦材料和减摩材料是粉末冶金的特殊制品。

粉末冶金摩擦材料根据基体金属不同分为铁基材料和铜基材料，其辅助组元为润滑组元和摩擦组元。润滑组元有石墨和铅，占摩擦材料的 5%～25%，改善材料的抗粘、抗卡性，提高耐磨性；摩擦组元有 SiO_2、SiC、Al_2O_3 等，提高材料的摩擦系数，改善耐磨性，防止焊合。据工作条件不同，分为干式和湿式材料，湿式材料宜在油中工作。其牌号由"粉摩"两字的汉语拼音字首"FM"，加基体金属骨架组元序号（铜基为1，铁基为2）、顺序号和工作条件汉语拼音字首"S"或"G"组成。如 FM101S，表示顺序号为 01 的铜基、湿式粉末冶金摩擦材料；FG203G，表示顺序号为 03 的铁基、干式粉末冶金摩擦材料。

粉末冶金减摩材料分为铁基材料和铜基材料，具有多孔性，主要用来制造滑动轴承。铁基含油轴承如铁-石墨含油衬套广泛应用于汽车、机车、机床等。

这种轴承材料压制成轴承后，放在润滑油中因毛细现象可吸附润滑油（一般含油率12%～30%），故称含油轴承。含油轴承具有较高的耐磨性和较好的减摩性。工作时由于轴承发热，使金属粉末膨胀，孔隙容积缩小，加上轴旋转时带动轴承间隙中的空气层，降低了摩擦表面的静压强，粉末孔隙内外形成压力差，迫使润滑油被抽到零件表面。停止工作时，润滑油又渗入孔隙中。故多孔含油轴承有自动润滑的作用，因此特别适宜不便经常加油的轴承，如食品机械、家用电器等产品中多数采用含油轴承。

粉末冶金减摩材料的牌号由粉末冶金滑动轴承的"粉"、"轴"两个字的汉语拼音字首"FZ"，加上基体主加组元序号（铁基为1，铜基为2）、辅加组元序号和含油密度组成。例如 FZ1360，表示辅加组元为碳、铜，含油密度为 5.7～6.2 g/cm^3 的铁基粉末滑动轴承用减摩材料。

(五) 粉末冶金非铁金属机械零件

烧结金属非铁金属材料应用较多的是铜及其合金，另外还有铝烧结制品、烧结钛及钛合金。

1. 烧结铜及铜合金

烧结纯铜应用较少，只用于要求高导电性和无磁性零件。常用的烧结铜基合金有青铜（铜-锡）和黄铜（铜-锌），还有铜-镍-锌、铜-镍、铜-铝等合金系。铜基材料具有耐腐蚀的特点，有一定的强度和韧性，较容易进行加工，采用一般的压制烧结工艺即可生产。

烧结铜基合金多用于制造含油轴承、摩擦材料、电器接点材料及发汗材料的渗透金属，作为高密度机械零件常用于制作小型齿轮、凸轮、垫圈、螺母等，也可用粉末轧制的方法生产带材。

2. 铝烧结制品

铝基材料与铁基、铜基材料的性能相近，但质量轻，节约能源。铝烧结制品与其压铸件相比尺寸精度高、组织均匀，粉末锻造铝基材料的抗拉强度和屈服强度均高于普通铝锻件。铝烧结材料可用做精密机械零件、多孔含油轴承材料和过滤材料，在交通运输、仪器仪表、家庭用具、宇宙飞行等方面均有应用。

烧结铝制件几乎可以用所有的粉末冶金工艺生产。成形工艺有模压、等静压、轧制、挤压等。烧结在低露点（−40 ℃）的惰性或还原性气氛中进行，也可在真空中进行烧结。通过复压、冷锻或热锻进一步提高烧结件的密度和强度。为获得美观的表面可进行机械抛光、化学处理和电化处理。

3. 烧结钛及钛合金

钛的密度小、强度高、耐蚀性好、使用温度范围广（540 ℃ ~ −253 ℃）。钛基航空结构材料多用热锻、热等静压、热压、热挤压、粉末热轧等热成形工艺，以增加制品的密度，改善制品的性能。典型的钛基合金为 Ti-6Al-4V，用于制作飞机机架配件。

复习思考题

6-1 选择题

1．2A11 合金是（　　）合金。
　　A．防锈铝合金　　　B．硬铝合金　　　C．超硬铝合金　　　D．锻造铝合金
2．下列不属于铝合金强化处理的是（　　）。
　　A．固溶处理　　　B．时效处理　　　C．退火　　　D．回火
3．铜锌合金是（　　）铜。
　　A．白铜　　　B．青铜　　　C．黄铜　　　D．紫铜
4．常用滑动轴承合金有（　　）。
　　A．巴氏合金　　　B．铝合金　　　C．钛合金　　　D．镁合金
5．下列材料属于粉末冶金材料的是（　　）。
　　A．轴承材料　　　B．硬质合金　　　C．塑料　　　D．陶瓷

6-2 判断题

1．铝合金件淬火后于 140 ℃进行时效处理的作用是增加强度。　　　　　　（　　）
2．纯铝和铝合金的性能相似。　　　　　　（　　）
3．紫铜就是纯铜。　　　　　　（　　）
4．轴承合金的组织是在软基体上加硬质点。　　　　　　（　　）
5．陶瓷用粉末冶金法生产。　　　　　　（　　）
6．硬质合金是常用的粉末冶金材料。　　　　　　（　　）

6-3 问答题

1. 根据二元铝合金一般相图，说明铝合金是如何分类的。
2. 形变铝合金分哪几类？主要性能特点是什么？各类铝合金可通过哪些途径进行强化？用 2A01（原 LY1）作铆钉应在何种状态下进行铆接？在何时得到强化？
3. 试述铝合金件淬火后于 140 °C 进行时效处理的作用。
4. 铜合金分哪几类？举例说明黄铜的代号、化学成分、力学性能及用途。
5. 试说明锡青铜的质量分数对锡青铜的性能的影响。为什么工业用锡青铜的含锡量一般不超过 14%？
6. 青铜如何分类？说明含 Zn 量对锡青铜组织与性能的影响，分析锡青铜的铸造性能特点。
7. 轴承合金应具备什么样的特性和组织？常见的轴承合金有哪几种？
8. 什么叫粉末冶金？它的生产过程主要有哪几个步骤？
9. 简述粉末冶金的特点和应用。
10. 铜合金分哪几类？不同铜合金的强化方法与特点是什么？
11. 黄铜分为几类？分析含 Zn 量对黄铜的组织和性能的影响。
12. 黄铜在何种情况下产生应力腐蚀？如何防止？
13. 按应用白铜如何分类？所谓"康铜"是什么铜合金，它的性能与应用特点是什么？
14. 轴承合金常用合金类型有哪些？请为汽轮机、汽车发动机曲轴和机床传动轴选择合适的材料。
15. 指出下列合金的类别、牌号或代号意义及主要用途：

（1）ZL102、ZL109、ZL303、ZL401

（2）2A12（原 LY12）、2A70（原 LD7）、3A21（原 LF21）、5A05（原 LF5）

（3）H70、ZCuZn38、ZCuZn16Si4、HPb63-3

（4）ZCuSn5Pb5Zn5、ZCuPb30、ZcuA19Mn2、QBe2

（5）ZSnSb11Cu6、ZPbSb16Sn16Cu2、ZCuPb15Sn8、ZA1Sn6CuNi1

第七章　常用非金属材料

【本章导学】
　　本章重点介绍常用的非金属材料，如橡胶、塑料、陶瓷和复合材料等的性能、特点和主要应用等。高分子材料的分类、特点等；常见高分子材料橡胶和塑料的牌号、性能和应用等；常用陶瓷材料的分类及其特点；复合材料的特点与应用等。
　　本章的基本要求：了解高分子材料的分类、特点等；掌握常见高分子材料橡胶和塑料的牌号、性能和应用等；熟悉常用陶瓷材料的分类及其特点；熟悉复合材料的特点与应用等。

第一节　高分子材料

　　高分子材料按来源分为天然、半合成（改性天然高分子材料）和合成高分子材料。天然高分子是生命起源和进化的基础。人类社会一开始就利用天然高分子材料作为生活资料和生产资料，并掌握了其加工技术。例如，利用蚕丝、棉、毛织成织物，用木材、棉、麻造纸等。19世纪30年代末期，进入天然高分子化学改性阶段，出现半合成高分子材料。1907年出现合成高分子酚醛树脂，标志着人类应用合成高分子材料的开始。现代，高分子材料已与金属材料、无机非金属材料相同，成为科学技术、经济建设中的重要材料。
　　此外，高分子材料按用途又分为普通高分子材料和功能高分子材料。功能高分子材料除具有聚合物的一般力学性能、绝缘性能和热性能外，还具有物质、能量和信息的转换、传递和储存等特殊功能。已实用的有高分子信息转换材料、高分子透明材料、高分子模拟酶、生物降解高分子材料、高分子形状记忆材料和医用、药用高分子材料等。
　　高分子材料又称为高聚物，是以高分子化合物为基础的材料。根据机械性能和使用状态可分为橡胶、塑料、合成纤维、涂料、胶粘剂和高分子基复合材料等。各类高聚物之间并无严格的界限，同一高聚物，采用不同的合成方法和成型工艺，可以制成塑料，也可制成纤维，比如尼龙就是如此。而像聚氨酯一类的高聚物，在室温下既有玻璃态性质，又有很好的弹性，所以很难说它是橡胶还是塑料。本章主要以橡胶和塑料为主介绍高分子材料的性能。

一、橡　胶

　　所谓橡胶，是指在使用温度范围内处于高弹性状态的高分子材料。橡胶广泛地应用于弹性材料、密封材料、减振防振材料和传动材料，在工业生产中有着重要的地位，是一项重要的工业材料。

(一) 橡胶的特性

橡胶最显著的特点是具有高的弹性和回弹性。在 -50~150 ℃ 的温度范围内，橡胶能保持较好的弹性，而且它受外力作用发生的变形是可逆的高弹性变形，伸长率可达 100%~1000%，橡胶在高弹变形时，弹性模量低，只有 1 MPa 左右，仅为软质塑料的 1/30 左右。橡胶还具有良好的回弹性，天然橡胶的回弹高度可达 70%~80%；外力去除后，只需 0.001 s 便可恢复到原来的形状。

同时，橡胶还有一定的强度、优异的抗疲劳性以及良好的耐磨、绝缘、隔声、防水、缓冲、吸振等性能。因此，橡胶材料被广泛应用生产中。

常用橡胶品种的性能及主要用途见表 7-1。

表 7-1 常用橡胶的特性及主要用途

名称	通用橡胶						特种橡胶				
	天然	丁苯	顺丁	丁醛	氯丁	丁腈	聚氨酯	乙丙	氟	硅	聚硫
代号	NR	SBR	BR	HB	CR	NBR	UR	EPDM	FPM	Si	TR
抗拉强度/MPa	25~30	15~20	18~25	17~21	25~27	15~30	20~35	10~25	20~22	4~10	9~15
延伸率(%)	650~900	500~800	450~800	650~800	800~1000	300~800	300~800	400~800	100~500	50~500	100~700
使用温度/℃	-50~120	-50~140	-73~120	120~170	-35~130	-35~175	-30~80	-40~150	-50~300	-70~275	-7~130
抗撕性	好	中	中	中	好	中	中	好	中	差	差
耐磨性	中	好	好	中	中	中	好	中	中	差	差
回弹性	好	中	好	中	中	中	中	中	中	中	中
耐油性	差			好	好	好	好		好		好
耐碱性	好	好	好	好	好	好	差	好	好		好
耐老化	中	中	中	好	好	中		好	好	好	好
价格		高			高				高	高	
特殊性能	高强、绝缘、防震	耐磨	耐磨、耐寒	耐酸碱、气密绝缘	耐酸碱耐燃	耐油、耐水、气密	高强、耐磨	耐水、绝缘	耐油碱耐热真空	耐热绝缘	耐油、耐碱
用途举例	通用制品、轮胎	通用制品、轮胎、胶板、胶布	轮胎、耐寒运输带	内胎、水胎、化工衬里、防震品	胶管、电缆、胶粘剂汽车门窗嵌条	油管、耐油密封垫圈汽车配件	实心轮胎、胶辊、耐磨件	汽配件、散热管耐热胶管、绝缘件	化工衬里、高级密封件、高真空橡胶件	耐高低温制品、耐高温绝缘件、印模	腻子密封胶、丁腈橡胶改性用

(二) 橡胶的基本组成

橡胶是以生胶为原料，加入适量的配合剂，经硫化工艺处理以后得到的一种生产原材料。

1. 生胶

橡胶的性质主要决定于生胶的性质。按其来源分，生胶可分为天然橡胶和合成橡胶两大类。天然橡胶是橡胶工业中应用最早的橡胶，其主要成分为橡胶烃。天然橡胶主要取自橡胶树上流出的天然白色胶乳，经一定的处理和加工，可直接用来制作各种胶乳制品，也可制成固体的天然橡胶，作为生产原材料；合成橡胶是以从石油、天然气中得到的某些低分子不饱和烃作原料，在一定条件下经聚合反应而得到的产物。

由于生胶的分子结构多为线型或带有支链型的长链状分子，其性能不稳定，受热发粘、遇冷变硬，只能在 5～35 ℃ 的范围内保持弹性，而且强度低、耐磨性差、不耐溶剂，故生胶一般不能直接用来制造橡胶制品。

2. 配合剂

为了制造可以使用的橡胶制品，改善橡胶的工艺性能和降低制品成本，需在生胶中加入其他辅助化学成分，这些组分称为配合剂。按照各种配合剂在橡胶中所起的作用，可以分为硫化剂、硫化促进剂、硫化活性剂、防焦剂、防老剂、增强填充剂、软化剂、着色剂及其他配合剂。

（1）硫化剂

其作用是通过化学反应，使橡胶的卷曲分子链形成立体网状结构，将塑性的生胶变为具有一定强度、韧性的高弹性硫化胶。常用的硫化剂有硫磺、含硫化合物、硒、过氧化物等。

（2）硫化促进剂

其作用是降低硫化温度、加速硫化过程。常用的硫化促进剂包括胺类、胍类、秋兰姆类、噻唑类及硫脲类等化学物质。

（3）硫化活性剂

其作用是加速发挥有机促进剂的活性物质。常用的硫化活性剂有金属氧化物、有机酸和胺类。

（4）增强填充剂

其作用是提高橡胶的力学性能，改善其工艺性能，降低成本。常用的增强填充剂有炭黑、陶土、碳酸钙、硫酸钡、氧化硅、滑石粉等。

（5）防焦剂

其作用是使生胶在加工过程中不发生早期硫化现象，提高加工操作过程中的安全性。

（6）防老化剂

其作用是延缓或抑制橡胶的老化过程，延长橡胶的使用寿命或存贮期。常用的防老化剂有苯胺、二苯胺等。

(7) 软化剂

也称为增塑剂，其作用是改善橡胶的塑性，降低硬度，提高耐寒性。常用的有松香、凡士林、石蜡、硬脂酸等。

(8) 着色剂

用来使橡胶制品着色，常用的有钛白、丹红、锑红、镉钡黄、铬青等颜料。

除上述几类配合剂以外，对于一些特殊用途的橡胶，还配有专用的发泡剂、硬化剂、溶剂等。

在制作橡胶制品时，还会采用天然纤维、人造纤维、金属材料等制成骨架，增加橡胶制品的强度，防止变形。

(三) 常用橡胶材料的品种、性能及一般用途

生产上常用的橡胶材料有天然橡胶、合成橡胶和再生胶。

1. 天然橡胶

天然橡胶材料是指以天然橡胶为生胶制成的橡胶材料，代号为 NR。天然橡胶属于通用橡胶。它具有优良的弹性，弹性温度范围为 -70～130 ℃；具有较高的强度和优异的耐疲劳性能、耐磨性、耐寒性、防水性、绝热性和电绝缘性；具有良好的加工性能。其缺点是耐老化性和耐候性差，耐油性和耐溶剂性较差，易溶于汽油和苯类等溶剂，易受强酸侵蚀，而且容易自燃。

天然橡胶材料有着广泛的用途，大量用于制造各类汽车轮胎，尤其是子午线轮胎和载重轮胎。另外，还用于制造胶带、胶管、各种工业用橡胶制品以及胶鞋等日常生活用品和医疗卫生制品。

2. 合成橡胶

由于资源的限制，天然橡胶的产量远远不能满足工业生产的需要，因而产生了合成橡胶。早在 1914 年，世界上就生产出了合成橡胶。石油工业的迅速发展，使合成橡胶的原料来源丰富、成本低廉，产量超出了天然橡胶。目前，合成橡胶在各行各业得到了广泛的应用，是一种重要的生产材料。

合成橡胶的种类繁多。主要品种有丁苯橡胶、顺丁橡胶、丁腈橡胶、氯丁橡胶、异戊橡胶、丁基橡胶、乙丙橡胶、丙烯酸酯橡胶、氯醇橡胶、聚氨酯橡胶、硅橡胶、氟橡胶等。

(1) 丁苯橡胶

丁苯橡胶是丁二烯和苯乙烯经共聚合制得的橡胶，英文缩写是 SBR，是产量最大的通用合成橡胶，有乳聚丁苯橡胶、溶聚丁苯橡胶。

世界上丁苯橡胶生产能力中约 87% 使用乳液聚合法，通常所说的丁苯橡胶主要是指乳聚丁苯橡胶。乳聚丁苯橡胶又包括高温乳液聚合的热丁苯与低温乳液聚合的冷丁苯。前者于 1942 年工业化，目前仍有少量生产，主要用于水泥、粘合剂、口香糖以及某些织物包覆与模塑制品及机械制品。通常所说的丁苯橡胶主要是指采用低温乳液聚合法生产的丁苯橡胶，1947

年工业化，它有较高的耐磨性和很高的抗张强度、良好的加工性能以及其他综合性能，是目前产量最大、用途最广的合成橡胶品种。

溶聚丁苯橡胶（SSBR）是丁二烯与苯乙烯在烃类溶剂中，在丁基锂催化剂存在下聚合制得。20世纪80年代后期生产的第二代溶聚丁苯橡胶滚动阻力优于乳聚丁苯橡胶和天然橡胶，抗湿滑性优于顺丁橡胶，耐磨性也好，可以满足轮胎高速、安全、节能、舒适的要求，用其制造轮胎比乳聚丁苯橡胶节油3%～5%。

丁苯生胶是浅黄褐色弹性固体，密度随苯乙烯含量的增加而变大，耐油性差，但介电性能较好；生胶抗拉强度只有20～35 kgf/cm^2，加入炭黑补强后，抗拉强度可达250～280 kgf/cm^2；其黏合性、弹性和形变发热量均不如天然橡胶，但耐磨性、耐自然老化性、耐水性、气密性等却优于天然橡胶，因此是一种综合性能较好的橡胶。

丁苯橡胶是橡胶工业的骨干产品，它是合成橡胶第一大品种，综合性能良好，价格低，在多数场合可代替天然橡胶使用，主要用于轮胎工业，汽车部件、胶管、胶带、胶鞋、电线电缆以及其他橡胶制品。

（2）顺丁橡胶、聚丁二烯橡胶（BR）

丁二烯在聚合时由于条件不同可产生不同类型的聚合物。丁二烯橡胶按溶聚法合成的高顺式聚丁二烯橡胶（顺式96%～98%，镍、钴、稀土催化剂）习惯上称为顺丁橡胶。顺丁橡胶的性能由于顺丁橡胶的分子结构主要是顺式1,4-结构，分子排列规整，所以其弹性比天然橡胶还好。顺丁橡胶的玻璃化温度$T_g = -105\ ℃$，故它的低温物理性能很好，耐寒温度低于$-55\ ℃$。弹性是通用橡胶中最好的一种。耐热性与天然橡胶相同，都为120 ℃，但耐热老化性能却优于天然橡胶。拉伸强度比天然橡胶、丁苯橡胶都低，因此必须加入炭黑等补强剂。撕裂强度也比天然橡胶低，抗湿滑性能不好，用于轮胎胎面、鞋底时，在湿路上易打滑。顺丁橡胶的耐磨性优异，滞后损失小，生热低，这对制品在多次变形下的生热和永久变形的降低都十分有利。顺丁橡胶在混炼前不需要塑炼。混炼胶的压出性能良好，适于注压成型，但粘着性差。顺丁橡胶对加工温度的变化较敏感，当开炼机辊温在60 ℃以上时，胶料易脱辊，给加工带来一定的困难。一般需要与天然橡胶或丁苯橡胶并用，以改善工艺加工性能。

顺丁橡胶是一个大品种的合成橡胶，主要用于轮胎工业。还可用于制造耐磨制品（如胶鞋、胶辊）、耐寒制品和防震制品，可作为塑料的改性剂。顺丁橡胶可与多种橡胶并用。制造乘用汽车轮时，可与丁苯橡胶并用，并用量为35%～50%。制造载重汽车轮胎胎面时，常与天然橡胶并用，并用量为25%～50%。用于重型越野汽车轮胎胎面时，天然橡胶75份，顺丁橡胶25份较好。用于胶布时，一般与丁苯橡胶并用，并用量为15%～30%。用于制造轮胎胎侧时可与氯丁橡胶并用，以提高耐低温性能。顺丁橡胶也可与氯磺化聚乙烯并用。由于顺丁橡胶性能优越，成本较低，所以在橡胶生产中一直占有重要地位。这种橡胶1960年在国外正式投入工业生产，我国于1967年工业生产。

（3）聚异戊二烯橡胶（IR）

聚异戊二烯橡胶简称异戊橡胶，其结构单元为异戊二烯。与天然橡胶一样，1954年开始工业化生产。从整体上看，异戊橡胶的加工配合、性能及应用于天然橡胶相当，适于做浅色制品。但由于与天然橡胶存在结构及成分上的差别，所以性能上还存在一定的差异。

聚异戊二烯的微观结构中顺式含量低于天然橡胶，即分子规整性低于天然橡胶，所以异戊橡胶的结晶能力比天然橡胶差,分子量分布较窄,分布曲线为单峰。不含有天然橡胶中那么多的蛋白质和丙酮抽出物等非橡胶烃成分。

异戊橡胶与天然橡胶相比,异戊橡胶质量及外观都较均匀,颜色较浅,塑炼快。未硫化胶流动性好于天然橡胶,生胶有冷流倾向,格林强度较低,硫化速度较慢,所以在配合时硫磺用量应比天然橡胶少用10%～15%,促进即用量比天然橡胶增加10%～20%。异戊橡胶压延、压出时的收缩率较低,粘合性不亚于天然橡胶。与硫化的天然橡胶比,异戊橡胶硫化胶的硬度、定伸应力和拉伸强度比较低,扯断伸长率稍高,回弹性与天然橡胶相比,在高温下回弹性比天然橡胶稍高,生热性及压缩永久变形、拉伸永久变形都较天然橡胶的低。异戊橡胶耐老化性能稍逊于天然橡胶。

(4) 乙丙橡胶

乙丙橡胶以乙烯和丙烯为主要原料合成,耐老化、电绝缘性能和耐臭氧性能突出。乙丙橡胶可大量充油和填充碳黑,制品价格较低,乙丙橡胶化学稳定性好,耐磨性、弹性、耐油性和丁苯橡胶接近。乙丙橡胶的用途十分广泛,可以作为轮胎胎侧、胶条和内胎以及汽车的零部件,还可以作电线、电缆包皮及高压、超高压绝缘材料。还可制造胶鞋、卫生用品等浅色制品。

(5) 丁腈橡胶

丁腈橡胶是由丁二烯和丙烯腈经乳液聚合法制得的,丁腈橡胶主要采用低温乳液聚合法生产,耐油性极好,耐磨性较高,耐热性较好,粘接力强。其缺点是耐低温性差、耐臭氧性差,电性能低劣,弹性稍低。丁腈橡胶主要用于制造耐油橡胶制品。

(6) 丁基橡胶

丁基橡胶是由异丁烯和少量异戊二烯共聚而成的,主要采用淤浆法生产。透气率低,气密性优异,耐热、耐臭氧、耐老化性能良好,其化学稳定性、电绝缘性也很好。丁基橡胶的缺点是硫化速度慢,弹性、强度、粘着性较差。丁基橡胶的主要用途是制造各种车辆内胎,用于制造电线和电缆包皮、耐热传送带、蒸汽胶管等。

(7) 氟橡胶

你氟橡胶是含有氟原子的合成橡胶,具有优异的耐热性、耐氧化性、耐油性和耐药品性,它主要用于航空、化工、石油、汽车等工业部门,作为密封材料、耐介质材料以及绝缘材料。

(8) 硅橡胶

硅橡胶由硅、氧原子形成主链,侧链为含碳基团,用量最大的是侧链为乙烯基的硅橡胶。既耐热,又耐寒,使用温度在 $-100 \sim 300\ ℃$ 之间,它具有优异的耐气候性和耐臭氧性以及良好的绝缘性。缺点是强度低,抗撕裂性能差,耐磨性能也差。硅橡胶主要用于航空工业、电气工业、食品工业及医疗工业等方面。

(9) 聚氨酯橡胶

聚氨酯橡胶是由聚酯(或聚醚)与二异晴酸酯类化合物聚合而成的。耐磨性能好、其次是弹性好、硬度高、耐油、耐溶剂。缺点是耐热老化性能差。聚氨酯橡胶在汽车、制鞋、机械工业中的应用最多。

近年来,在生产上还应用一种能在常温下具有橡胶弹性,而在高温条件下能进行塑化成形、不需要进行硫化的新型橡胶,称之为热塑性橡胶。热塑性橡胶分为聚氨酯类、苯乙烯类、聚酯类、聚烯烃类等类别。其特点是易于成形加工,可类似于塑料的生产方法,采用塑料成型方法成型而得到制品。但不足之处是不能在较高温度下使用,在 100~150 ℃ 时已软化,而且耐老化性、耐油性也较差。热塑性橡胶目前主要用于汽车橡胶配件和注压橡胶制品的生产,以及制鞋工业。

3. 再生胶

再生胶是将硫化胶的边角废料和废旧橡胶制品经粉碎、化学和物理方法加工后,去掉硫化胶的弹性,恢复塑性和粘性,可以重新再硫化的橡胶。再生胶对于环保和生产资料的再利用有着重要意义。再生胶的强度较低,硫化速度快,操作比较安全,并有良好的耐老化性,加工容易,成本低廉。

再生胶广泛地用于各种橡胶制品的生产。在轮胎工业中,再生胶用于制造垫带、钢丝圈胶、三角胶条、封口胶条等。汽车上,也采用再生胶制作胶板、橡胶地毯、汽车用橡胶零件等。另外,再生胶也可掺于天然橡胶或合成橡胶中,制作胶管、胶带、各种模样制品,还可以制造胶鞋的鞋底、海绵胶等。

二、塑 料

塑料是一种以有机合成树脂为主要组成的高分子材料,它通常可在加热、加压条件下被注塑或固化成型,故称为塑料。

(一) 塑料的组成

塑料的主要成分是有机合成树脂,也可根据需要加入各种增强材料、填料、增塑剂、固化剂、稳定剂、着色剂和阻燃剂等。塑料的成型是将分装、粒状、溶液或分散体等各种物态的塑料物料转变为所需形状的制品。成型的方法很多,有注射、压制、浇铸、挤出、吹塑、真空等多种成型方法。

1. 合成树脂

合成树脂是指由低分子化合物(如乙烯)通过化学聚合反应合成的高分子化合物,如酚醛树脂、聚乙烯等。合成树脂是塑料的主要组成物,是塑料的基体材料,它决定了塑料的基本性能,并起着粘结剂的作用。在一定的温度和压力条件下,合成树脂可软化并塑造成型。在工程塑料中,合成树脂约占 40%~100%。

2. 添加剂

添加剂是指为改善或弥补塑料的物理、化学、力学或工艺性能而特别加入的助剂。常用的有以下几种:

(1) 填料或增强材料

填料在塑料中主要起增强作用。在塑料中，加入石墨、石棉纤维或玻璃纤维等，可以改善塑料的力学性能。填料有时也可改善或提高塑料的某些特殊性能，加入石棉粉可提高塑料的耐热性，加入云母粉可提高塑料对光的反射能力。通常，塑料中填料的用量达 20%～50%。

(2) 固化剂

固化剂的作用是使树脂内部分子结构发生变化，硬度提高，稳定性增加。

(3) 增塑剂

用以提高树脂的可塑性和柔性。在聚氯乙烯树脂中加入邻苯二甲酸二丁酯，可使塑料变得柔软而富有弹性。

(4) 稳定剂

加入稳定剂是为了防止塑料因受热、光的作用过早老化。在塑料中添加酚类和胺类等有机物能抗氧化，添加炭黑则可使塑料吸收紫外线。

此外，还有其他一些塑料添加剂，如润滑剂、着色剂、阻燃剂、抗静电剂和发泡剂等，可优化塑料的其他各种特定性能，如降低摩擦因数、改善阻燃性，改变色泽等。

(二) 塑料的性质

塑料是生产和日常生活中应用最广泛的材料之一。其主要特点如下：

塑料的优点有：塑料的重量轻；成型自由，可制造复杂形状，加工成本低；良好的耐腐蚀性；优良的绝缘性；自润滑性；着色自由、手感柔性、可进行二次加工（着色、光亮处理、涂装、浮雕等）。

塑料的缺点有：塑料的强度低；耐热性差；耐疲劳性差；修理性不好；耐候性差；耐蠕变性差；尺寸不稳定；废弃处理困难等。

(三) 常用工程塑料

工程塑料主要指综合性能（包括力学性能、耐热性、耐寒性、耐蚀性和绝缘性能等）良好的各种塑料。它们是制造工程结构用零部件、工业容器和设备等的一类新型结构材料。由于工程塑料的高强度（>500 MPa）、高弹性模量和高的耐热性（>150 ℃），使其具有很好的经济效果。因此，工程塑料的发展相当快，在工业上的应用也十分广泛。

常用的工程塑料分为热塑性工程塑料和热固性工程塑料两类。

1. 热塑性工程塑料

热塑性工程塑料在成型前即处于高分子状态。加热时，材料会软化并熔融，可塑造成型，冷却后即成型并保持既得形状。而且，这个过程具有重复性。这类塑料的优点是加工成型简单，具有较高的力学性能。缺点是耐热性和刚性比较差。

在工业生产中，热塑性塑料在数量上占绝对优势，大约占总塑料产量的 80% 左右。常用的热塑性塑料有以下几种。

（1）聚乙烯（PE）、聚丙烯（PP）塑料

它们均属于聚烯烃塑料，具有相对密度小、耐溶剂性和耐水性好、介电常数小、电绝缘性高等特点，是目前最重要的通用塑料，其产量历年来居世界塑料工业之首位。

（2）聚氯乙烯（PVC）塑料

有硬质和软质之分。前者强度、硬度高，耐蚀、耐油、耐水性好，阻燃性好，常用于制造塑料管、塑料板；后者强度、硬度低，耐蚀性较差，易老化，但气密性好，多用于制造薄膜、软管等。

（3）聚四氟乙烯（PTFE）

属于氟塑料，被誉为"塑料王"，具有非常优良的耐高低温性能，可长期在 −180 ~ 240 ℃ 之间使用，并具有极高的耐蚀性，任何强酸、强碱、强氧化剂都对它不起作用。其摩擦因数极低，是优良的减摩、自润滑材料。这种材料常用于制造各种机械的减摩密封圈、化工耐蚀零件、活塞环、轴承及医疗代用血管、人工心脏等。

（4）聚甲基丙烯酸甲酯（PMMA）

俗称有机玻璃。分为透明、半透明或有色、无色等品种。有机玻璃的强度、韧性与硬质聚氯乙烯差不多，透光率可达92%，可耐稀酸、碱，不易老化，但表面硬度低，易擦伤，较脆。有机玻璃广泛用于航空、汽车、仪表、光学等工业中，多用于制造有一定透明要求的零件，如可用来制作风挡、舷窗、透明管道、仪器仪表护罩、外壳等。

（5）ABS 塑料

具有良好的耐热、耐蚀性和一定的表面硬度，较高的刚性，良好的加工工艺性能和着色性。ABS 在塑料中的品种牌号最多，可分为一般用品种、耐热品种、电镀用品种和透明品种等。与其他塑料相比，ABS 具有良好的综合力学性能，刚性好，耐寒性强，加工性能好，表面光洁，制品表面还可以电镀。因此，ABS 塑料的用途很广，可用来制造轴承、齿轮、叶片、叶轮、设备外壳、管道、容器和仪器仪表零件等，在汽车上发挥着其他材料不可替代的作用。

此外，还有聚苯乙烯（PS）、聚酰胺（PA，尼龙）、聚甲醛（POM）、聚碳酸酯（PC）等工程塑料。近年开发的氟塑料、PSF 塑料等的性能明显提高，如优良的耐蚀性、耐热性、绝缘性和耐磨性等，是性能较好的高级工程塑料。

2. 热固性塑料

热固性塑料是把分子量 1 000 以下的一次树脂加热融化，浇入模中加热，使一次树脂连接而成高分子树脂的成型品。其特点是初加热时软化，可塑造成型，但固化后再加热时将不再软化，也不溶于溶剂。这类塑料有酚醛、环氧、氨基、不饱和聚酯等。它们具有耐热性高，受压不易变形等优点。缺点是力学性能不好，但可加入填料来提高其强度。常用的热固性塑料有以下几种。

（1）酚醛塑料（PE）

酚醛塑料是由酚类恶化醛类材料在酸或碱催化剂的作用下经合成反应，制成酚醛树脂，再根据不同性能要求加入各种添加剂而制得的塑料。常用的酚醛树脂是由苯酚和甲醛为原料制成，其性质可根据制备工艺的不同，有热塑性和热固性两类。热固性酚醛塑料通常以压塑粉（俗称胶木粉）为填料制成，经压制而成的电器开关、插座、灯头等，不仅绝缘性好，而且有较好的耐热性，较高的硬度、刚性和一定的强度；以纸片、棉布、玻璃布等为填料制成的层压酚醛塑料，具有强度、耐冲击性好以及耐磨性优良等特点，常用以制造受力要求较高的机械零件，如仪表齿轮、轴承、汽车刹车片、内燃机曲轴带轮等。

（2）氨基塑料（UF）

氨基塑料是以氨基化合物（如尿素或三聚氰胺）与甲醛缩聚反应制成氨基树脂，然后加入添加剂而制成氨基塑料，其中最常用的是脲醛塑料，用脲醛塑料压塑粉压制的各种制品，有较高的表面硬度，颜色鲜艳且有光泽，又有良好的绝缘性，俗称"电玉"。常见的制品有仪表外壳、电话机外壳、开关、插座等。

（3）环氧塑料（EP）

环氧塑料是由环氧树脂加入固化剂（如乙二胺、顺丁烯二酸酐）后形成的热固性塑料。一般以铸型的方式成型。它的强度高、韧性好，并具有良好的化学温度性、绝缘性及耐热耐寒性，长期使用温度为 $-80 \sim 150$ ℃，成型工艺好，但具有某些毒性。环氧塑料可制作塑料模具、船体、电子零部件等。

第二节　陶瓷材料

陶瓷是用天然或合成化合物经过原料处理、成形、干燥、高温烧结等工序制成的一类无机非金属材料。它具有高熔点、高硬度、高耐磨性、耐氧化等优点。可用作结构材料、刀具材料，由于陶瓷还具有某些特殊的性能，又可作为功能材料。

传统的陶瓷材料是指硅酸盐类材料。主要用于制造陶瓷和瓷器，这些材料都是用粘土、石灰石、长石、石英等天然硅酸盐类矿物制成的。现代的陶瓷材料已有了巨大变化，许多特种陶瓷（新型陶瓷）已经远远超出了硅酸盐的范畴，主要为高熔点的氧化物、碳化物、氮化物、硅化物等的烧结材料，它们不仅在性能上有了重大突破，在应用上也渗透到各个领域。近年来，还发展了金属陶瓷，主要指用陶瓷生产方法制取的金属与碳化物或其他化合物的粉末制品。陶瓷是现代工业中很有发展前途的一类材料，今后将是陶瓷材料、高分子材料和金属材料三足鼎立的时代，它们共同构成固体材料的三大支柱。

一、陶瓷的分类

陶瓷产品的种类繁多，性能各异。陶瓷一般可分为普通陶瓷（传统陶瓷）和特种陶瓷（现代陶瓷）两大类。

普通陶瓷（传统陶瓷）采用天然原料如长石、粘土和石英等烧结而成，是典型的硅酸盐材料，主要组成元素是硅、铝、氧，这三种元素占地壳元素总量的90%，普通陶瓷来源丰富、成本低、工艺成熟。这类陶瓷按性能特征和用途又可分为日用陶瓷、建筑陶瓷、电绝缘陶瓷、化工陶瓷和多空陶瓷（过滤陶瓷）等。

特种陶瓷采用高纯度人工合成的原料，利用精密控制工艺成形烧结制成，一般具有某些特殊性能，以适应各种需要。根据其主要成分，有氧化物陶瓷、氮化物陶瓷、碳化物陶瓷、金属陶瓷等；特种陶瓷具有特殊的力学、光、声、电、磁、热等性能。特种陶瓷按性能可分为：高强度陶瓷、高温度陶瓷、耐磨陶瓷、耐酸陶瓷、压电陶瓷、电介质陶瓷、光学陶瓷、磁性陶瓷、半导体陶瓷和瓷生物陶瓷等。特种陶瓷按化学组成可分为：氧化物陶瓷（氧化铝陶瓷、氧化镁陶瓷、氧化锆陶瓷）、氮化物陶瓷（氮化硅陶瓷、氮化铝陶瓷、氮化硼陶瓷）、碳化物陶瓷（碳化硅陶瓷、碳化硼陶瓷）和复合陶瓷等。

二、陶瓷的组织结构

陶瓷是由金属和非金属元素的化合物构成的多晶固体材料，晶体结构比金属复杂得多，它们主要是以离子键为主的晶体（例如 MgO、Al_2O_3）和以共价键为主的共价晶体（BN、SiC、Si_3N_4），但大多数为两者的混合型晶体。尽管陶瓷种类繁多，但其显微结构总的可归纳为三种相，即晶相、玻璃相和气相，陶瓷的纤维组织如图7-1所示。以上三种相的数量、形状及分布对陶瓷的性能起着决定性的作用。

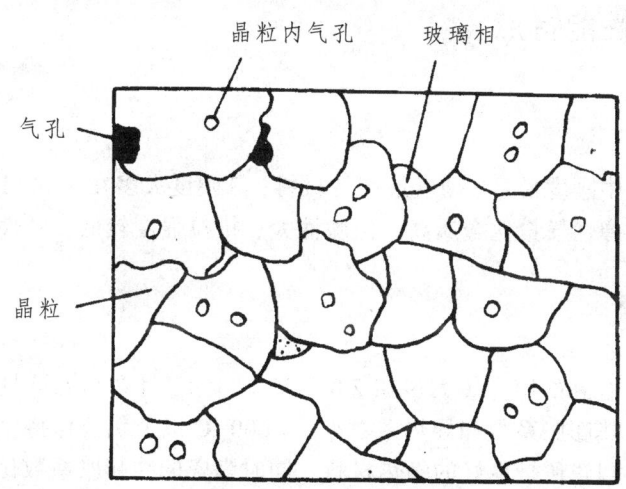

图7-1 陶瓷显微组织示意图

（一）晶 相

晶相是陶瓷的主要组成相，它由固溶体或化合物所组成，且一般是多晶体，存在着晶粒和晶界。同金属一样，细化晶粒和亚晶粒也可以强化陶瓷材料。从晶格结构上看，常见的有氧化物结构和硅酸盐结构两类。陶瓷材料的主要性能则由晶相决定。陶瓷晶体也存在着点、线、面等缺陷，它们都对性能有很大影响。

(二) 玻璃相

玻璃相是陶瓷烧结时各组成物和杂质通过一系列物理化学作用形成的一种非晶态的低熔点固体。玻璃相的主要作用是将分散的晶相粘结在一起，起到降低烧成温度，抑制晶体长大以及填充气孔空隙的作用。玻璃相强度低、热稳定性差。因此工业陶瓷应限制玻璃相所占的体积分数，一般在 20%～40% 的范围内。

(三) 气 相

陶瓷中的气相就是气孔，常以孤立状态分布于玻璃相之中，或以细小气孔存在于晶界或晶内。气孔的数量、形状、分布对性能产生较大的影响。气孔往往产生应力集中，又是裂纹源，它使组织致密性下降，降低材料的强度和电击穿能力，使材料脆性增大。所以，应减少气孔量。不过轻质材料、保温材料中则希望增加气孔量。一般来说，气相约占陶瓷体积的 5%～10%。

普通陶瓷的组织通常由晶相、玻璃相、气相组成。对特种陶瓷来说，由于对其性能要求更高、更严，因此，它的组织只能由晶相和气相（<5%）或极少量的玻璃相组成。而金属陶瓷则是仅由晶相和极少量的气相（<0.5%）组成。

三、陶瓷的性能特点

(一) 力学性能

陶瓷是工程材料中刚度最好、硬度最高的材料，其硬度大多在 1 500 HV 以上，陶瓷的抗压强度较高，陶瓷的弹性模量比金属高。但脆性大、抗拉强度较低，塑性和韧性很差。

(二) 热学性能

陶瓷材料一般具有高的熔点（大多在 2 000 ℃ 以上），且在高温下具有极好的化学稳定性，抗蠕变能力强、热膨胀系数和导热系数小，1 000 ℃ 以上仍能保持室温性能。陶瓷的导热性低于金属材料，陶瓷还是良好的隔热材料。同时陶瓷的线膨胀系数比金属低，当温度发生变化时，陶瓷具有良好的尺寸稳定性。

(三) 电学性能

大多数陶瓷具有良好的电绝缘性，因此大量用于制作各种电压（1 kV～110 kV）的绝缘器件。铁电陶瓷（钛酸钡 $BaTiO_3$）具有较高的介电常数，可用于制作电容器，铁电陶瓷在外电场的作用下，还能改变形状，将电能转换为机械能（具有压电材料的特性），可用作扩音机、电唱机、超声波仪、声纳、医疗用声谱仪等。少数陶瓷还具有半导体的特性，可作整流器。个别特殊陶瓷具有导电性和导磁性，属于新型功能材料。

(四）化学性能

陶瓷在高温下不易氧化，不老化，非常稳定，并对酸、碱、盐具有良好的抗腐蚀能力。此外陶瓷还有独特的光学性能，可用作固体激光器材料、光导纤维材料、光储存器等，透明陶瓷可用于高压钠灯管等。磁性陶瓷（铁氧体如：$MgFe_2O_4$、$CuFe_2O_4$、Fe_3O_4）在录音磁带、唱片、变压器铁芯、大型计算机记忆元件方面的应用有着广泛的前途。

四、常用陶瓷

(一) 普通陶瓷（传统陶瓷）

传统陶瓷是以高岭土、长石、钠长石和石英为原料经过成形和高温烧结制成的一种多相固体材料。这类陶瓷的主要晶相为莫来石，约占 25%～30%，玻璃相占 35%～60%，气相占 1%～3% 以上。通过改变组成组成物的配比、溶剂、辅料以及原料的细度和致密度，可以获得不同特性的陶瓷。

传统陶瓷质地坚硬，有良好的抗氧化性、耐蚀性和绝缘性。能耐一定高温，成本低，生产工艺简单。但由于含有较多的玻璃相，故结构疏松，强度较低，在一定的温度下会软化。耐高温性能不如现代陶瓷，一般最高使用温度为 1 200 ℃ 左右。传统陶瓷产量大、种类多，广泛应用于日用、建筑、电气、化工等部门。

(二) 特种陶瓷（现代陶瓷）

特种陶瓷在化学组成、内部结构、性能和使用效能各方面均不同于传统陶瓷。它是以精制高纯的化工产品为原料，并严格控制各个工艺过程，其中包括采用各种成形、烧结或其他先进工艺。在性能方面也是传统陶瓷所望尘莫及的。强度之高可与金刚石相媲美，柔韧如铸铁，透明如玻璃，可像人体五官那样敏感、智能。只是由于这些独特而优异的性能，决定了特种陶瓷具有广泛的适用性，已成为高技术领域不可缺少的关键材料。

根据用途不同，特种陶瓷又可分为结构陶瓷、工具陶瓷、功能陶瓷。

1. 结构陶瓷

（1）氧化铝陶瓷（又名高铝陶瓷）

其主要成分是 Al_2O_3 和 SiO_2，其中 Al_2O_3 的含量在 45% 以上。根据陶坯中主要晶相的不同，氧化铝陶瓷可分为刚玉、刚玉-莫来石瓷及莫来石瓷等；按 Al_2O_3 含量分为 75 瓷、95 瓷和 99 瓷。其中常用的刚玉瓷性能最优，所含玻璃相和气相极少，硬度高（莫氏硬度为 9）、机械强度比普通陶瓷高 3～6 倍，抗化学腐蚀能力和介电性能好，且耐高温（熔点为 2 050 ℃）。其缺点是脆性大、抗冲击性和抗热振性差，不宜承受环境温度剧烈变化。近来生产出氧化铝-微晶刚玉瓷、氧化铝金属瓷等，进一步提高了刚玉瓷的性能。

氧化铝陶瓷用途极为广泛，可用作坩埚、发动机火花塞、高温耐火材料、热电偶套管、密封环等，也可作刀具和模具等。氧化铝陶瓷很早就用于纺织用的导线器以及火箭用的导流罩,现在还广泛用于氩弧焊的气体罩、喷砂用的喷嘴的等。氧化铝陶瓷具有很好的高温性能,可用作高温实验仪器、熔化金属的坩埚以及高温热电偶套管等。它还具有耐蚀性好的特点,可以制作化工零件,如化工用泵的密封滑环、机轴套和叶轮。氧化铝陶瓷有很好的介电性能,可制作内燃机火花塞。氧化铝陶瓷的耐磨性好,可用作轴承,制作的活塞可以加工到相当高的精度和很低的粗糙度。

(2) 氮化硅陶瓷

氮化硅陶瓷是将硅粉经反应烧结法或将 Si_3N_4 粉经热压烧结法制成的。前者称为反应烧结氮化硅;后者则称为热压氮化硅。氮化硅陶瓷主要组成物是 Si_3N_4,氮化硅是共价化合物,键能相当高,原子间结合很牢固。因此,化学稳定性高、除氢氟酸外,能耐各种无机酸、王水、碱液的腐蚀,也能抵抗熔融的有色金属的侵蚀;有优异的电绝缘性能;有高的硬度、良好的耐磨性,摩擦系数(0.1~0.2)、且具有自润滑性;其抗高温蠕变性和抗热振性是其他任何陶瓷材料不能比拟的。从强度上考虑,热压氮化硅中几乎不存在气相,因而,组织致密,强度高;反应烧结氮化硅中约含有20%~30%的气相,强度不及前者,但可获得形状复杂、精度很高的制品。

反应烧结氮化硅常用于耐磨、耐腐蚀、耐高温、绝缘的零件。如泵的机械密封环,可比普通陶瓷寿命提高 6~7 倍;制作高温轴承,热电偶套管,输送铝液的电磁泵的管道,阀门和炼钢生产上的铁液流量计等;还可用于作燃气轮机零件,如转子叶片等。由于提高了工作温度,因而提高了效率,使燃料消耗降低,大气污染减少,重量降低 1/3 左右。

热压氮化硅制成的刀具不仅可加工淬火钢、冷硬铸铁,也可以加工钢结硬质合金、镍基合金等,成本比金刚石和立方氮化硼刀具低。

近年来,在 Si_3N_4 中加入 Al_2O_3 制成新型陶瓷材料,称为 Sialon(赛纶),是目前强度最高的陶瓷材料,它在发动机部件、轴承和密封圈等耐磨部件和刀具材料上得到应用。此外,还在铜、铝等合金的冶炼、轧制和铸造上得到了应用。

(3) 碳化硅陶瓷

碳化硅是把石英、碳和木屑装入电弧炉中,在 1 900~2 000 ℃ 高温下合成的。

碳化硅陶瓷的制造方法与氮化硅陶瓷一样,也有反应烧结和热压烧结两种工艺生产碳化硅陶瓷。碳化硅主要有两种晶体结构,一种是 α-SiC,属六方晶系,一种是 β-SiC,属等轴晶系。碳化硅的最大特点是高温高强度。一般陶瓷材料到 1 200~1 400 ℃ 时强度显著降低,而碳化硅在 1 400 ℃ 时抗弯强度仍保持 500~600 MPa 的较高水平。其热传导能力强,在陶瓷中仅次于氧化铝陶瓷。它的热稳定性好,耐磨性、耐腐蚀性、抗蠕变性好。

碳化硅陶瓷是一种高强度、高硬度的耐高温陶瓷,是目前高温强度最高的陶瓷,碳化硅陶瓷还具有良好的导热性、抗氧化性、导电性和高的冲击韧度。是良好的高温结构材料,可用于火箭尾喷管喷嘴、热电偶套管、炉管等高温下工作的部件;利用它的导热性可制作高温下的热交换器材料,核燃料的包封材料,也可以用于制作各种泵的密封圈。利用它的高硬度和耐磨性制作砂轮、磨料等。

(4) 其他陶瓷材料

陶瓷材料种类繁多,可制成各种功能元件。氧化锂瓷为高温材料,氧化锆瓷为高频绝缘材料,氧化钛瓷为介电材料,钛酸钡瓷为光电材料,硼化物、氮化物、硅化物等金属陶瓷为超高温材料，铁氧体瓷为永久磁铁、记忆磁铁、磁头等材料，稀土钴瓷为存储器材料，半导体瓷为压敏元件、太阳电池等材料。

2. 工具陶瓷

硬质合金：主要成分为碳化物和粘结剂，碳化物主要有 WC、TiC、TaC、NbC、VC 等，粘结剂主要为钴（Co）。硬质合金与工具钢相比，硬度高（高达 87~91 HRA），热硬性好（1 000 ℃左右耐磨性优良），用作刀具时，切削速度比高速钢提高 4~7 倍，寿命提高 5~8 倍，其缺点是硬度太高、性脆，很难被机械加工，因此常制成刀片并镶焊在刀杆上使用，硬质合金主要用于机械加工刀具；各种模具，包括拉伸模、拉拔模、冷镦模；矿山工具、地质和石油开采用各种钻头等。

金刚石、天然金刚石（钻石）作为名贵的装饰品，而合成金刚石在工业上广泛应用，金刚石是自然界最硬的材料，还具备极高的弹性模量；金刚石的导热率是已知材料中最高的；金刚石的绝缘性能很好。金刚石可用作钻头、刀具、磨具、拉丝模、修整工具；金刚石工具进行超精密加工，可达到镜面光洁度。但金刚石刀具的热稳定性差，与铁族元素的亲和力大，故不能用于加工铁、镍基合金，而主要加工非铁金属和非金属，广泛用于陶瓷、玻璃、石料、混凝土、宝石、玛瑙等的加工。

立方氮化硼（CBN）具有立方晶体结构，其硬度高，仅次于金刚石，具热稳定性和化学稳定性比金刚石好，可用于淬火钢、耐磨铸铁、热喷涂材料和镍等难加工材料的切削加工。可制成刀具、磨具、拉丝模等。

其他工具陶瓷尚有氧化铝、氧化锆、氮化硅等陶瓷，但从综合性能及工程应用均不及上述三种工具陶瓷。

3. 功能陶瓷

功能陶瓷通常具的特殊的物理性能，涉及的领域比较多，常用功能陶瓷的特性及应用见表 7-2。

表 7-2 常用功能陶瓷的组成、特性及应用

种 类	性能特征	主要组成	用 途
介电陶瓷	绝缘性	Al_2O_3、Mg_2SiO_4	集成电路基板
	热电性	$PbTiO_3$、$BaTiO_3$	热敏电阻
	压电性	$PbTiO_3$、$LiNbO_3$	振荡器
	强介电性	$BaTiO_3$	电容器
光学陶瓷	荧光、发光性	Al_2O_3CrNd 玻璃	激光
	红外透过性	CaAs、CdTe	红外线窗口
	高透明度	SiO_2	光导纤维
	电发色效应	WO_3	显示器
磁性陶瓷	软磁性	$ZnFe_2O$、$\gamma\text{-}Fe_2O_3$	磁带、各种高频磁心
	硬磁性	$SrO \cdot 6Fe_2O_3$	电声器件、仪表及控制器件的磁芯
半导体陶瓷	光电效应	CdS、Ca_2Sx	太阳电池
	阻抗温度变化效应	VO_2、NiO	温度传感器
	热电子放射效应	LaB_6、BaO	热阴极

第三节　复合材料

复合材料是一种新型的工程材料，它具有一系列其他材料不具备的优点，它的出现，开辟了一条发展新材料的重要途径。

复合材料是由两种或两种以上的物理和化学性质不同的物质经一定方法合成而得到的一种新的多相固体材料。它不仅具有各组成材料的优点，还具有比单一材料更优良的综合性能。如碳纤维的比强度、比模量很高，但脆性较大，如果与柔软的树脂基体复合，便可获得兼有树脂与碳纤维二者所长的树脂基复合材料；多数金属较坚韧，但不耐高温，而陶瓷耐高温却又较脆，若将二者复合，制成复合材料，这种新材料即为金属陶瓷复合材料。由上可知，"复合"已成为改善材料性能的一种手段。因此，复合材料的发展迅速，在各个领域的应用也愈来愈多。有人预言，21世纪将是复合材料的时代。

一、复合材料的分类

复合材料种类繁多，复合材料可以由金属材料、高分子材料和陶瓷材料中任两种或几种制备而成。常见的分类方法如下：

按复合材料的性能高低进行分类可分为：常用（普通）复合材料和先进复合材料。

按复合材料的生产方式进行分类可分为：天然复合材料和人工复合材料。

按复合材料的基体相的种类进行分类可分为：聚合物基复合材料、金属基复合材料、陶瓷基复合材料、石墨基复合材料（碳-碳）复合材料和混凝土基复合材料。

按复合材料的用途进行分类可分为：结构复合材料、功能复合材料和智能复合材料。

按复合材料的增强相的种类进行分类可分为：颗粒增强材料、晶须增强材料和纤维增强材料。

按复合材料的增强相的形状进行分类可分为：零维（颗粒状）、一维（纤维状）、二维（片状或平面织物）、三维（三向编织体）。

一般情况下，用来表示复合材料的形式是斜线上表示增强材料，斜线下表示基体材料，如碳纤维/环氧复合材料，其增强材料为碳纤维，基体材料为环氧树脂。目前使用最多的是纤维增强复合材料。

二、复合材料的复合原则

复合材料的复合过程包含着复杂的物理、化学、力学甚至生物学等过程，并不是组成材料的简单组合。由于复合材料是由基体材料和增强相构成的。两者的类型和性质以及两者之间的结合力，决定着复合材料的性能。同时，增强相的形状、数量、分布以及制备过程等也对复合材料的性能影响很大。部分复合材料的结构示意图如图7-2所示。

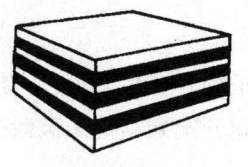 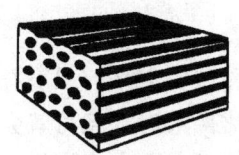 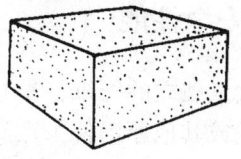 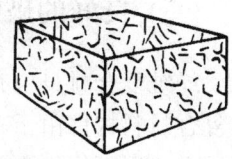

（a）层叠复合　　　　（b）连续纤维复合　　　　（c）颗粒复合　　　　（d）短切纤维复合

图 7-2　部分复合材料的结构示意图

三、复合材料的性能特点

复合材料的主要性能有以下几方面。

(一) 高的比强度和比模量

这是复合材料最突出的特点，比强度、比模量高，对要求减轻自重和高速运转的结构和零件是非常重要的，碳纤维增强环氧树脂复合材料的比强度是钢的 7 倍、比模量是钢的 4 倍。常用金属材料和复合材料的性能比较见表 7-3。

表 7-3　常用金属材料和复合材料强度的性能比较

类别	材料	密度 /(g·cm^{-3})	抗拉强度 /MPa	弹性模量 /GPa	比强度 /10^6 m	比模量 /10^6 m
金属材料	钢	7.8	1 030	210	1.3	2.7
	铝	2.8	470	75	1.7	2.6
	钛	4.5	960	114	2.1	2.5
复合材料	玻璃钢	2.0	1 060	40	5.3	2.1
	硼纤维/铝	2.65	1 000	200	3.8	7.5
	硼纤维/环氧树脂	2.1	1 380	210	6.6	10
	高强碳纤/环氧树脂	1.45	1 500	140	10.3	2.1
	高模碳纤/环氧树脂	1.6	1 070	240	6.7	15
	有机纤维 PRD/环氧树脂	1.4	1 400	80	10.0	5.7
	SiC 纤维/环氧树脂	2.2	1 090	102	5.0	4.6

(二) 抗疲劳性能好

由于纤维复合材料对缺口、应力集中敏感性小，而且纤维和基体界面能够阻止和改变裂纹扩展方向，因此复合材料有较高的疲劳极限。有研究表面，碳纤维复合材料的疲劳极限可达抗拉强度的 70%~80%，而一般金属材料的疲劳极限只有抗拉强度的 40%~50%。

(三) 良好的破断安全性能

纤维复合材料中有大量独立的纤维，平均每平方厘米面积上有几千到几万根纤维，当纤维复合材料构件由于超载或其他原因使少数纤维断裂时，载荷就会重新分配到其他未破断的纤维上，因而构件不致在短期内发生突然破坏，故破断安全性好。

(四) 优良的高温性能

由于增强纤维的熔点均很高（一般都在 2 000 ℃ 以上），而且在高温条件下仍然可保持较高的高温强度，故用它们增强的复合材料具有较高的高温强度和弹性模量，特别是金属基复合材料。如铝合金，在 400 ℃ 时，弹性模量接近于零，强度值也从室温的 500 MPa 降到 (30~50) MPa，而碳纤维或硼纤维增强铝合金复合材料，在 400 ℃ 时，强度和弹性模量几乎可保持室温时的水平。又如玻璃钢材料可瞬时耐高温，故在火箭发动机上作耐烧蚀材料。

(五) 减振性能好

因为结构的自振频率与材料的比模量的平方根成正比，而复合材料比模量高，其自振频率也高，高的自振频率就不易引起工作时的共振，这样就可避免因共振而产生的早期破坏。同时复合材料中纤维及基体间的界面具有吸振能力，因此它的振动阻尼很高。对相同形状和尺寸的梁共同进行振动实验，即轻合金梁与碳纤维复合材料的梁同时起振，前者需要 9 s 才能停止振动；而复合材料的梁只需 2.5 s 就静止了。

(六) 成型工艺简便灵活及可设计性强

对于形状复杂的构件，根据受力情况可以一次整体成型。减少了零件、紧固件和接头数目，材料利用率较高。如用硼纤维增强复合材料，1 000 t 的原料可获得 800 t 的零件。例如日产布尔巴特汽车前端板，用钢板制造时由 20 多个零件组成，而用纤维增强塑料复合材料，则用 7 个零件就可以。

四、常用复合材料

(一) 纤维增强复合材料

纤维增强复合材料中承受载荷的主要是增强相纤维，而增强相纤维处于基体之中，彼此隔离，其表面受到基体的保护，因而不易遭受损伤，塑性和韧性较好的基体能阻止裂纹的扩展，并对纤维起到粘结作用，复合材料的强度因而得到很大的提高。纤维种类很多，但用作现代复合材料的纤维主要是指高强度、高模量的玻璃纤维、碳纤维、石墨纤维、硼纤维等。

1. 玻璃纤维增强复合材料

是由玻璃纤维与热固性树脂或热塑性树脂复合的材料，通常又称玻璃钢。它是 20 世纪

40年代发展起来的第一代复合材料。由于它具有高强度、价格低、来源丰富、工艺性能好等特点,至今仍广泛应用在国民经济各部门中。玻璃钢可分为热塑性和热固性两类。

(1) 热塑性玻璃钢

热塑性玻璃钢是以玻璃纤维为增强剂和以热塑性树脂为粘接剂制成的复合材料。制成玻璃纤维的玻璃主要为二氧化硅和其他氧化物的共熔体并以极快的速度抽拉成细丝状玻璃,直径一般为 $(5\sim9)\mu m$,玻璃纤维柔软如丝,比玻璃的强度和韧性高得多。而且纤维越细,强度越高,其抗拉强度可高达 $(1\,000\sim3\,000)$ MPa,比高强度钢还高出两倍,耐热性高(250 ℃以下力学性能变化不大)化学稳定性好。主要缺点是脆性较大。但若与合成树脂结合在一起,便能形成具有较佳性能的玻璃钢。应用较多的热塑性树脂是尼龙、聚烯烃类、聚苯乙烯类、热塑性聚酯和聚碳酸酯五种,但以尼龙的增强效果最好。常见热塑性玻璃钢的性能和用途见表 7-4。

表 7-4　常见热塑性玻璃钢的性能和用途

材料	密度/(g·cm^{-3})	抗拉强度/MPa	弯曲模量/10^2 MPa	特性及用途
尼龙 66 玻璃钢	1.37	182	91	刚度、强度、减摩性好。用作轴承、轴承架、齿轮等精密件、电工件、汽车仪表、前后灯等
ABS 玻璃钢	1.28	101	77	化工装置、管道、容器等
聚苯乙烯玻璃钢	1.28	95	91	汽车内饰、收音机机壳、空调叶片等
聚碳酸酯玻璃钢	1.43	130	84	耐磨、绝缘仪表等

热塑性玻璃钢同热塑性塑料相比,基本材料相同时,强度和抗疲劳性能可提高 2~3 倍以上,冲击韧度提高 2~4 倍,蠕变强度提高 2~5 倍,达到或超过了某些金属的强度。例如 40% 玻璃纤维增强尼龙的强度超过了铝合金而接近于镁合金的强度,因此可以用来取代这些金属。

(2) 热固性玻璃钢

热固性玻璃钢是以玻璃纤维为增强剂和以热固性树脂为粘接剂制成的复合材料。常用的热固性树脂为酚醛树脂、环氧树脂、不饱和聚酯树脂和有机硅树脂等四种。酚醛树脂出现最早,环氧树脂性能较好,应用较普遍。

热固性玻璃钢集中了其组成材料的优点,即质量轻、比强度高、耐腐蚀性好、介电性能优越,是成型性能良好的工程材料。它们的比强度比铜合金和铝合金高,甚至比合金钢还高;但刚度较差,仅为钢的 1/10~1/5,耐热性不高(低于 200 ℃),容易老化,容易蠕变等。

玻璃钢的性能主要决定于基体树脂的类型,如酚醛树脂玻璃钢质地坚硬,耐烧蚀;环氧玻璃钢强度高,粘着牢固,抗蚀性高;聚酯玻璃钢成型工艺性好,可在常温下固化;有机硅玻璃钢耐热性较高等。表 7-5 列出了常见热固性玻璃钢的性能和用途。

表 7-5　常见热固性玻璃钢的性能特点和用途

材料类型 性能特点	环氧树脂玻璃钢	聚酯树脂玻璃钢	酚醛树脂玻璃钢	有机硅树脂玻璃钢
密度 / (g·cm^{-3})	1.73	1.75	1.80	
抗拉强度/MPa	341	290	100	210
抗压强度/MPa	311	93		61
抗弯强度/MPa	520	237	110	140
特点	耐热性较高，150~200℃下可长期工作，耐瞬时超高温。价格低、工艺性较差、收缩率大、吸水性大。固化后较脆	强度高、收缩率小、工艺性好、成本高。某些固化剂有毒性	工艺性好，使用各种成型方法，作大型构件，可机械化生产。耐热性差、强度较低、收缩率大。成型时有异味、有毒	耐热性较高，200~250℃下可长期使用。吸水性低、耐电弧性好、防潮、绝缘、强度低
用途	主要受力构件，耐蚀件如飞机、宇航器等	一般要求的构件如汽车、船舶、化工件	飞机内部装饰件、电工材料	印刷电路板、隔热板等

玻璃钢的应用极为广泛，它可用来制造游船、舰艇、各种车辆的车身及配件、各种耐腐蚀的管道、阀门、贮罐、高压气瓶、撑杆、防护罩以及轴承、法兰圈、齿轮、螺丝、螺母等各种机械零件和机械设备。玻璃钢作为一种优良的工程材料，正越来越多地应用于国民经济各部门中，已成为工程上不可缺少的重要材料之一。

2. 碳纤维增强复合材料

碳纤维增强复合材料是以碳纤维或其织物为增强相，以树脂、金属、陶瓷等为粘接剂而制成的。目前有碳纤维/树脂、碳纤维/碳、碳纤维/金属、碳纤维/陶瓷等复合材料。其中碳纤维/树脂复合材料应用最为广泛。碳纤维/树脂复合材料中采用的树脂有环氧树脂、酚醛树脂、聚四氟乙烯树脂等。与玻璃钢相比，其强度和弹性模量高、密度小。因此，它的比强度、比模量在现有复合材料中名列前茅。它还具有较高的冲击韧度和疲劳强度，优良的减摩性、耐磨性、导热性、耐蚀性和耐热性。碳纤维树脂复合材料广泛应用于制造要求比强度、比模量高的飞行器结构件，如导弹的鼻锥体、火箭喷嘴、飞机尾翼等，还可制造重型机械的轴承、齿轮，化工设备的耐蚀件等。这类材料的缺点是价格高，碳纤维与树脂的结合力不强。

(二) 层叠复合材料

层叠复合材料是由两层或两层以上不同性质的材料复合而成，以达到增强的目的。

1. 三层复合材料

三层复合材料是以钢板为基体，烧结铜为中间层，塑料为表面层制成的。它的物理、力学性能主要取决于基体，而摩擦、磨损性能取决于表面塑性层。中间多孔性青铜使三层之间获得可靠的结合力。表面塑性层通常为聚四氟乙烯（如 SF-1 型）和聚甲醛（如 SF-2 型）。这种复合材料比单一塑性材料提高承载能力 20 倍,导热系数提高 50 倍,热膨胀系数降低 75%,从而改善了尺寸稳定性,常用作无油润滑轴承、机床导轨、衬套、垫片等。

2. 夹层复合材料

是由两层薄而强的面板或蒙皮与中间夹一层轻而柔的材料构成。面板一般由强度高、弹性模量大的材料组成,如金属板、玻璃等。而心料结构有泡沫塑料和蜂窝格子两大类,这类材料的特点是密度小、刚性和抗压稳定性好、抗弯强度高,常用于航空、船舶、化工等工业,如飞机、船舱隔板和冷却塔等。

(三) 颗粒增强复合材料

颗粒增强复合材料中承受载荷的主要是基体,颗粒增强的作用在于阻碍基体中位错或分子链的运动,从而达到增强的效果。增强效果与颗粒的体积含量、分布、粒径、粒间距有关,粒径为 0.01~0.1 μm 时的增强效果最好;粒径小于 0.01 μm 时,位错容易绕过,难以对位错运动起阻碍作用;粒径大于 0.1 μm 时,会造成附近基体中应力集中,或者使颗粒本身破碎,反而导致材料强度降低。常见的颗粒复合材料有两类:一类是颗粒增强树脂复合材料,如塑料中添加颗粒状填料,橡胶用炭黑增强等;另一类是颗粒增强金属复合材料,如陶瓷颗粒增强金属复合材料。

复习思考题

7-1 选择题

1. 橡胶最突出的优点是( )。
   A. 高弹性　　　B. 高强度　　　C. 耐高温　　　D. 耐老化
2. 塑料的主要成分是( )。
   A. 合成树脂　　B. 固化剂　　　C. 增塑剂　　　D. 稳定剂
3. 常用的热固性塑料有( )。
   A. 聚乙烯塑料　B. ABS 塑料　　C. 酚醛塑料　　D. 聚丙烯塑料
4. 特种陶瓷的原料主要有( )。
   A. 高岭土　　　B. 石英　　　　C. 刚玉　　　　D. 长石
5. 下列属于复合材料的有( )。
   A. 玻璃钢　　　B. 橡胶　　　　C. 塑料　　　　D. 陶瓷

7-2 判断题

1. 橡胶最适合制作减震制品。　　　　　　　　　　　　　　　　　　　( )
2. 橡胶具有高弹性。　　　　　　　　　　　　　　　　　　　　　　　( )
3. 塑料的优点是加工成型简单。　　　　　　　　　　　　　　　　　　( )
4. 纤维与陶瓷复合可以提高韧性和强度。　　　　　　　　　　　　　　( )

5．复合材料的疲劳性能好。　　　　　　　　　　　　　　　　　　　　（　）

6．橡胶、塑料和复合材料都属于高分子材料。　　　　　　　　　　　（　）

7-3　问答题

1．与金属材料比较，高分子材料的优缺点是什么？

2．塑料与橡胶的本质区别是什么？

3．什么是热塑性塑料？什么是热固性塑料？试举例说明。

4．用全塑料制造的零件有什么优缺点？

5．什么是陶瓷？其组织由哪几个相组成？它们对陶瓷性能有何影响？

6．结构陶瓷和功能陶瓷在性能上有何区别，主要表现在哪些方面？

7．什么是复合材料？复合材料有何优异的性能？

8．复合材料有哪几种基本类型？纤维复合材料有何特点？

9．塑料王、电木、电玉、有机玻璃、玻璃钢是指什么材料？有何用途？

10．塑料是由什么组成的？各起什么作用？

11．何谓金属陶瓷？硬质合金的成分特点是什么？硬质合金最突出的性能是什么？

12．硬质合金有哪几类？它们的性能及应用特点是什么？

13．陶瓷材料的优点是什么？简述其原因。

14．高聚物的聚合方式有哪几种？各有何特点？

15．高聚物改性途径有哪些？何谓老化？如何防止高聚物老化？

第八章　零件材料的选择

【本章导学】

本章重点介绍了零件的失效、失效形式及原因；零件的选材原则、方法和步骤；主要介绍了齿轮、轴类、冷冲模、箱体等典型零件的选材过程；分析了铸造、锻压、焊接等零件毛坯的特点，结合毛坯选材的原则，对具体零件的毛坯选择做了分析。零件材料与毛坯的选择是本课程的核心内容，是所学知识的综合应用，围绕这个核心可将前面各章节内容串联起来。

本章的基本要求：掌握零件和毛坯选材的原则及方法步骤，具有正确选择常用零件材料和毛坯的能力。

第一节　机械零件的失效

一、失　效

任何零件或构件都是为了完成某种规定的功能而设计制造的，这些零件或构件在使用过程中，由于应力、时间、温度和环境介质及操作失误等因素的作用，导致尺寸、形状或材料组织与性能等发生变化，失去原有设计功能的现象称为失效。一般机械零件或构件的失效包括以下几种情况：

a. 完全破坏，不能继续工作，如轴的断裂、叶片断裂、锅炉等压力容器爆炸等。

b. 虽然能继续安全工作，但不能完成设计的功能，如模具磨损过大导致加工尺寸精度下降，换热器污垢堵塞使传热系数下降等。

c. 严重损伤导致不能安全使用，如安全阀失灵、刹车失灵等。

对零件或构件在使用过程中的失效特征及其规律进行分析，从中找出主要原因及其预防措施，这个过程称为失效分析。失效给社会带来巨大的损失与威胁，人们一直都关注失效的原因与对策，同时失效分析也促进了科学技术的发展，带来了巨大的经济效益和社会效益。失效分析已经发展成为一门综合性独立的学科，它研究失效的形式、机理、原因，并提出预测和预防失效的措施，称为失效学。

二、失效的形成及原因

(一) 失效的形式

按失效的性质可将失效分为变形失效、断裂失效、磨损失效和腐蚀失效（见图 8-1）。零件或构件的失效可以是单一过程现象，也可以是组合过程现象。

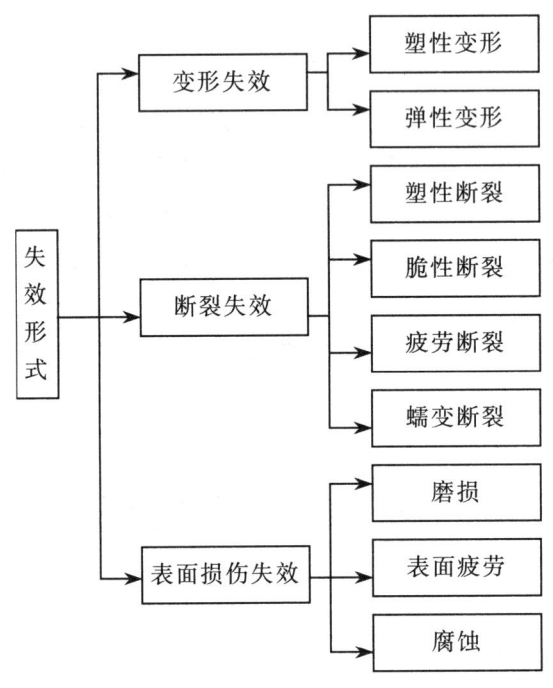

图 8-1 失效的形式

a. 变形失效：包括弹性变形失效、塑性变形失效、蠕变变形失效等。

b. 断裂失效：包括韧性断裂失效、脆性断裂失效、疲劳断裂失效、蠕变断裂失效等。

c. 磨损失效：包括粘着磨损失效、磨料磨损失效、解除疲劳磨损、冲击磨损失效、微动磨损失效、气蚀失效等。

d. 腐蚀失效：包括均匀腐蚀和局部腐蚀失效（点蚀、晶间腐蚀、缝隙腐蚀、应力腐蚀、腐蚀疲劳等）。

(二) 失效的原因

零件或构件失效的原因是多方面的，从整个过程上可概括成以下四个方面（见图 8-2）。

第一节 机械零件的失效　155

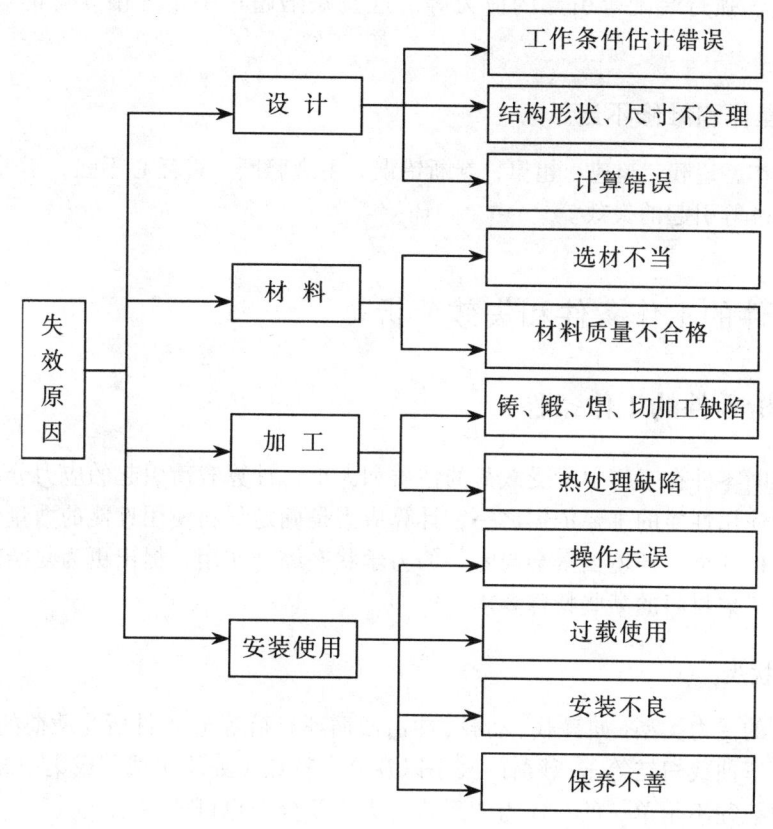

图 8-2　失效的原因

1. 设计不合理

由于设计不周密或认识水平的局限性，使设计不合理引起失效。如设计中零件的结构或形状不合理导致零件高应力处明显存在应力集中源，对零件的工作条件估计不足出现过载，零件工作的主要力学性能考虑不周等可导致失效。例如，以冲击和耐磨为主选用钢材制造的发动机曲轴使用寿命短，失效分析发现发动机曲轴的主要性能为疲劳强度。

2. 选材不当及材料缺陷

选材不当是导致失效的主要原因，对可以预见的失效形式要足够重视，要根据零件的使用性能要求合理地选择材料。一般金属材料的生产要经过冶炼、铸造、锻压等几个阶段，这些工艺工程中出现的缺陷往往会造成零件或构件的早期失效，因此，对原材料加强检验是很重要的步骤。

3. 制造过程中工艺不合理

如金属切削加工中的刀痕、粗糙度过高、磨削裂纹等；铸造缩孔、夹杂、偏析、应力等；锻造过程中的裂纹、夹杂等；焊接时产生的裂纹、气孔、夹杂、热影响区组织脆化等；热处理中的过热、脱碳、淬火裂纹、回火脆性、渗碳层不合适等；装配过程中错位、不同心度、强行装配等引起的应力等。这些缺陷超过一定界限就可能导致零件或构件的失效。

4. 使用操作和维修不当

如违章操作，超载、超速、超温，判断错误，主观臆断、责任心不强，不进行定期维护、检修，管理混乱等引起的失效。

三、零件的工作条件和失效分析

(一) 分析零件的工作条件

首先应判断零件在工作中所受载荷的性质和大小，计算载荷引起的应力分布。载荷的性质是决定材料使用性能的主要依据之一，计算应力是确定材料使用性能的数量依据。其次，考虑零件的工作环境。环境因素会与零件的力学状态综合作用，提出更为复杂的性能要求。最后还应充分考虑材料的某些特殊要求。

1. 受力状况

分析零件的受力类型（如静载、动载、冲击或循环载荷等），零件所受载荷的作用形式（如拉伸、压缩、弯曲或扭转等），载荷的大小以及分布特点（如均布载荷或集中载荷）。实际零件所受的应力往往不是单一的，应力的形式、大小及分布也可能变化。

2. 环境状况

温度（如低温、高温、常温或变温）及介质情况（如有无腐蚀或摩擦作用）等。例如，热作模具有温度的交替变化；工业锅炉材料在高温下工作；一些管道经常腐蚀，机器零件也有程度不同的腐蚀。由于零件工作的环境不同，对材料的性能要求有很大差别，因此选材环节应特别注意。

3. 特殊功能

导电性、磁性、热膨胀性、比重、外观、色泽等，这些特殊功能有的时候很重要，但这里不多考虑。

(二) 失效分析

失效分析的目的是寻找失效的原因，找出关键的因素以便合理选择材料或寻求提高材料性能的途径。失效抗力取决于材料的性能，对零件主要失效形式进行分析常常可以发现零件所要求的主要使用性能，零件要求的主要使用性能是选材和选择毛坯的最重要依据。通常机械零件的使用性能主要指力学性能，正确地分析零件的受力情况、准确地把握造成零件失效的主要力学性能指标就显得格外重要。当然，实际工作中积累的大量经验数据也是一笔财富，我们更需借鉴和利用。

第二节 零件的选材原则与步骤

一、选择零件材料的一般原则

不同使用条件下工作的零件不可能有千篇一律的规律，但合理地选材应考虑以下三个基本原则：材料的使用性能、工艺性能和经济性，其中使用性能最重要。三者之间有联系，也有矛盾，选材的任务就是上述原则的合理统一。

(一) 使用性能原则

材料的使用性能是满足零件工作要求的根本条件，包括力学性能、物理性能和化学性能，是选材应首先考虑的因素。大多数零件的性能要求是多方面的，在选材时必须经过分析，分清楚材料性能要求的主次，首先满足主要性能，兼顾其他性能，并通过特定的工艺使零件具有良好的使用性能。对于一般机械零件使用性能主要考虑力学性能，同时要兼顾抵抗周围介质侵蚀的能力；对于非金属材料制成的零件更应注意工作环境，非金属材料对温度、光、水、油等的敏感度比金属材料大得多。例如：

a. 承受冲击载荷、循环载荷的零件，如连杆、锤杆、锻模等，失效形式主要是过量变形与疲劳断裂，要求综合力学性能好，常选用中碳钢或中碳合金钢，进行调质或正火处理；也可选用球墨铸铁，进行正火或等温淬火。

b. 承受交变载荷的零件，如曲轴、齿轮、弹簧、滚动轴承等，失效形式主要是疲劳破坏，要求疲劳强度高。对承载较大的零件常选用淬透性较高的材料，进行调质处理；还可进行表面淬火、喷丸、滚压等处理，提高疲劳强度。

c. 承受载荷不大、摩擦较大的零件或工具，如量规、钻套、顶尖等，失效形式主要是磨损，要求耐磨性好。可选用高碳钢和高碳合金钢，进行淬火和低温回火，获得高硬度、高耐磨性。

d. 承受交变载荷且摩擦较大的零件，如机床中重要齿轮和主轴、汽车变速齿轮等，失效形式主要是磨损与断裂，要求表硬心韧，有较好的耐磨性、较高的疲劳强度。可选用中碳钢或中碳合金钢，经正火或调质后再进行表面淬火；对于承受大冲击载荷和要求耐磨性高的零件，还可选用低碳钢、低碳合金钢，经渗碳后进行淬火、低温回火；对于要求硬度、耐磨性更高、热处理变形小的精密零件，可选用专门的氮化用钢，进行渗氮处理。

一般机械零件按力学性能选材时，需要正确分析零件的工作条件和主要失效形式，找出零件应具备的主要性能指标，并对零件的危险部位进行力学分析计算，计算所选材料的许用应力。

(二) 工艺性能原则

工艺性能是指材料适应某种加工工艺的能力。制造任何一个合格的机械零件，都要经过一系列的加工过程，因此材料的工艺性能将直接影响零件的质量、生产效率和成本。通常金属的工艺性能包括铸造性能、锻造性能、焊接性能、热处理工艺性能和材料的切削加工性能等；工程塑料的工艺性能包括热成型性、脱模性等；陶瓷材料的工艺性能包括烧结性等。

(三) 经济性原则

在设计和生产中，可能不止一种材料可以满足零件的使用性能和工艺性能要求，这时经济性就成为选材的重要依据。经济性涉及材料的成本高低，材料的供应是否充足，零件加工工艺过程的复杂程度，加工成品率和加工效率的高低，零件的使用寿命长短等等。选材时应尽可能选用价廉、量足、加工方便、总成本低的材料，通常能用碳素钢的，不用合金钢；能用硅锰钢的，不用铬镍钢。

考虑零件材料经济性时，切不可以单价（见表 8-1）来评价材料的优劣。例如，模具材料选材时，加工零件的批量很小，选择便宜的材料可使总成本降低；但加工零件的批量很大时，应选择价格高的高性能材料，保证模具的寿命反而使总成本下降。一些机器零件失效不会造成设备事故且拆装更换维修方便，应选价格便宜的材料；而有些机器零件（本章开始的曲轴案例）一旦失效将造成整台机器的损坏事故，一定要选价格较高的材料并进行高质量的加工，这样产品的总成本才能降低。

表 8-1 我国常用金属材料相对价格表

材 料	相对价格	材 料	相对价格	材 料	相对价格
碳素结构钢	1	滚动轴承钢	2.1~2.9	铸造铝合金、铜合金	8~10
优质碳素结构钢	1.3~1.5	碳素工具钢	1.3~1.5	普通黄铜	13
低合金结构钢	1.1~1.7	低合金工具钢	2.4~3.7	灰铸铁件	1~1.4
易切削钢	2	高合金工具钢	5.4~7.2	球墨铸铁件	1.3~2.4
合金结构钢	1.7~2.9	高速钢	13.5~19	铸钢件	2~2.6
铬镍合金结构钢	3	铬不锈钢	8	铸造锡基轴承合金	20
弹簧钢	1.6~1.9	铬镍不锈钢	20		

二、零件材料选择的一般步骤

(一) 选材的步骤

第一，分析零件的工作条件、形状、尺寸、应力状态等，确定零件的主要、次要性能要求。

第二，通过分析和试验，结合同类零件失效分析的结果，找出零件在实际使用中的主要和次要的失效抗力指标，例如，轴类零件的主要抗力指标为屈服强度 $R_{r0.2}$ 和疲劳强度，冷挤压模具的主要抗力指标为 HRC 和 A_K。

第三，根据力学计算或试验，确定零件应具有的主要力学性能指标数值和物理、化学性能指标。

第四，对若干备选材料的性能指标进行综合分析和筛选，预选出合理的材料，同时考虑材料的工艺性能要求，以保证生产。

第五，审核所选材料的经济性。

第六，进行实验室试验以检验选用材料是否达到各项性能要求，并进行小批试生产以检验材料在制造过程中工艺性是否满足要求。小批试验产品质量合格后，选材方案即可确定下来。

(二) 选材的方法

零件的工作条件差别较大，往往受力复杂，因此零件选择材料时，先找出主要的性能要求作为选材的依据，选材的主要性能考虑之后再关注次要的性能。

1. 综合力学性能为主的选材

对于连杆、锻模、气缸螺栓等零件，工作时承受冲击和变动载荷，这类零件的性能要求较好的综合力学性能，要求具有较高的强度、疲劳强度、塑性和韧性。考虑零件具体形状尺寸和受力大小，选材时常用中碳钢或中碳合金钢，一般采用调质处理。

2. 疲劳强度为主的选材

曲轴、齿轮、弹簧、滚动轴承等零件的失效形式以疲劳断裂最常见。这些零件受力尽管也复杂，但主要考虑零件材料的疲劳强度。提高疲劳强度的方法可参考第一章。

3. 磨损为主的选材

各种量具、顶尖、钻套、冷冲模、刀具等零件，工作时磨损较大，主要以耐磨性要求为主。耐磨性主要与材料的硬度和组织有关。选材时，钢的含碳量一般要高，以保证钢的硬度，通常选择高碳钢或高碳合金钢，采用淬火、低温回火热处理。

当零件既有耐磨性要求，又有其他性能要求时，就要综合考虑作出选择并配以合理的热处理或表面强化。

第三节 典型零件的选材

金属材料具有优良的综合力学性能和某些物理、化学性能，因此被广泛地应用于制造各种重要的机械零件和工程结构，目前仍以钢铁材料为主。

一、齿轮类零件的选材

(一) 齿轮的工作条件

齿轮在机床、汽车、拖拉机和仪器仪表装置中有着广泛的应用，是重要的机器零件。各种齿轮的工作过程大致相似，但受力的大小不同。基本工作条件如下：

a. 由于传递扭矩，齿轮类似一根受力的悬臂梁，齿根处承受很大的交变弯曲应力。

b. 换挡、启动或啮合不均时，齿部承受一定冲击载荷。

c. 齿轮通过齿面的接触传递动力，啮合齿面相互滚动或滑动接触，承受很大的接触压应力及强烈摩擦。

(二) 齿轮的主要失效形式

1. 疲劳断裂

大多数情况下，由于弯曲疲劳会造成齿轮断齿，主要在根部发生。当齿轮承受的应力较高（接近或超过材料的屈服强度）时，将产生低周疲劳断裂，应选择塑性、韧性较好的材料；当重复应力较低时，将导致高周疲劳，应变循环基本在弹性范围内，应选择强度较高的材料。

2. 齿面磨损

由于齿面接触区的摩擦，使齿厚变小。轻度摩擦磨损称为擦伤，严重磨损称为胶合。

3. 齿面接触疲劳破坏

在交变接触应力作用下，齿面产生微裂纹，微裂纹的发展引起麻点剥落（或称点蚀），这是齿轮最常见的失效形式。

4. 过载断裂

主要是冲击载荷过大造成的断齿，应选韧性较好的材料。

(三) 齿轮的性能要求

a. 高的弯曲疲劳强度，特别是齿根处要有足够的强度。

b. 高的接触疲劳强度和耐磨性，提高齿面硬度和耐磨性。

c. 较高的强度和冲击韧性，防止齿轮的过载断裂。

此外，还要求有较好的热处理工艺性能，如热处理变形小等。

(四) 齿轮类零件的选材

齿轮材料一般选用低、中碳钢或合金钢，经表面强化处理后，表面强度和硬度高，心部韧性好，工艺性能好，经济上也较合理。

(五) 齿轮选材的具体实例

1. 机床齿轮

机床齿轮工作条件较好，运转比较平稳，但各种齿轮的受力程度差别也很大，主要根据具体工作条件来选材。机床齿轮常用的材料有中碳钢或渗碳钢，一般可选中碳钢（45钢）制造，为了提高淬透性，也可选用中碳合金钢（40Cr钢等）。机床齿轮的选材及热处理如表8-2所示。

表8-2 机床齿轮用钢的选材及热处理

序号	齿轮工作条件	钢种	最终热处理工艺	硬度要求
1	低速（<0.1 m/s），低载荷下工作的不重要的变速箱齿轮和交换齿轮架齿轮	45	840~860 ℃ 正火	156~217HBS
2	低速（<0.1 m/s），低载荷下工作齿轮，如机床溜板上的齿轮	45	820~840 ℃ 水冷，500~550 ℃ 回火	200~250HBS
3	中速、中速载荷或大载荷下工作的齿轮（如车床变速箱中的次要齿轮）	45	高频加热、水冷，300~340 ℃ 回火	45~50HRC
4	高速、中速等载荷，要求齿面硬度高的齿轮（如磨床砂轮箱齿轮）	45	高频加热，水冷，180~200 ℃	54~60HRC
5	速度不大，中等载荷，断面较大的齿轮（如铣床工作面变速箱齿轮、立车齿轮）	40Cr42SiMn 40Cr	840~860 ℃ 油冷 600~650 ℃ 回火	200~230HBS
6	中等速度（2~4m/s）、中等载荷下工作的高速机床进给箱、变速箱齿轮	40Cr42SiMn 40Cr	调质后高频加热，乳化液冷却，260~300 ℃ 回火	50~55HRC
7	高速、高载荷、齿部要求高硬度的齿轮	40Cr42SiMn	调质后高频加热，乳化液冷却，260~300 ℃ 回火	54~60HRC
8	高速、重载荷、受冲击、模数<5 mm的齿轮（如龙门铣床的电动机齿轮）	20Cr20Mn2B	9000C~9500C 渗碳，直接淬火或 800~820 ℃ 油淬，180~200 ℃ 回火	58~63HRC
9	高速、重载荷、受冲击、模数>6 mm的齿轮（如立车上重要的齿轮）	20CrMnTi 20SiMnVB	900~950 ℃ 渗碳降温至820~850 ℃ 淬火，180~200 ℃ 回火	58~63HRC

如普通车床的变速齿轮，承载不大，中等转速，工作平稳且无强烈冲击，对齿面和心部的强度和韧性要求不太高，齿轮心部硬度为 220~250HBS，齿面硬度为 52HRC，因此选用 45 钢。齿轮常采用的工艺路线为：下料→锻造→正火→机械粗加工→调质→机械精加工→轮齿高频淬火 + 低温回火→精磨。

齿轮工作时承受高速、重载荷，受冲击作用时常用合金渗碳钢 20Cr、20CrMnTi、20Mn2B、12CrNi3 等材料。冲击载荷小的低速齿轮也可采用 HT250、HT350、QT500-7、QT600-3 等铸铁制造。机床齿轮除选用金属齿轮外，有的还可改用塑料齿轮，如用聚甲醛（或单体浇铸尼龙）齿轮，工作时传动平稳，噪声减少，长期使用无损坏，且磨损很小。

2. 汽车、拖拉机齿轮

汽车、拖拉机齿轮主要分装在变速箱和差速器中。这类齿轮的工作环境比机床齿轮恶劣，齿轮传递功率、所受的冲击和摩擦很大，因此对耐磨性、疲劳强度、心部强度以及冲击韧性等的要求比机床齿轮高。实践证明，汽车、拖拉机齿轮最适宜选用渗碳钢，经渗碳 + 淬火 +

低温回火后使用，一般用合金渗碳钢 20Cr 或 20CrMnTi 制造。例如一载重汽车变速齿轮，下面分析该齿轮的选材以及热处理情况。

该齿轮起到将发动机动力传递到后轮及倒车的作用，它工作时承载、磨损、冲击均较大。齿轮性能要求表面具有较高的耐磨性及疲劳强度；心部则要求较高的强度和韧性。齿面要求硬度为 58～62HRC，心部硬度为 33～48HRC。根据性能要求判断适合用渗碳钢。15、20Cr 等低淬透性钢，心部淬火后达不到强度和硬度要求；20CrMnTi、20MnVB 等淬透性较好的钢，经渗碳淬火、低温回火后能较好地满足该齿轮的性能要求。渗碳技术条件为：表层含碳 0.8%～10.5%，渗碳层深度 0.8～1.3 mm，淬火回火后齿面硬度 58～62HRC，心部硬度 33～48HRC。

该齿轮的加工工艺路线如下：下料→锻造→正火→机械粗加工、半精加工（内孔及端面留磨量）→渗碳（孔防渗）→淬火+低温回火→喷丸→校正花键孔→珩齿（或磨齿）。

锻造通常使用模型锻造，以提高生产率，节约金属，改善纤维分布；正火作为预备热处理是为了均匀和细化组织，获得良好的切削加工性能，并为最终热处理做好组织准备；20CrMnTi 是本质细晶粒钢，在渗碳后经预冷就可以直接淬火，也可以采用等温淬火以减少变形；喷丸处理可使齿轮表面硬度提高，并产生压应力提高疲劳强度。

对于工作条件十分繁重的大模数齿轮（特别是坦克传动齿轮），可选用淬透性很高的渗碳钢，如 18Cr2Ni4WA 等，通过渗碳+淬火+低温回火，其强度、塑性和韧性可以达到很好的配合。

二、轴类零件的选材

(一) 轴类零件的工作条件

a. 工作时主要受交变弯曲和扭转应力的复合作用。
b. 轴与轴上零件有相对运动，相互间存在摩擦和磨损。
c. 轴在高速运转过程中会产生振动，使轴承受冲击载荷。
d. 多数轴会承受一定的过载载荷。

(二) 轴类零件的失效方式

a. 长期交变载荷下的疲劳断裂（包括扭转疲劳和弯曲疲劳断裂）。
b. 偶然过载或冲击载荷作用引起的过量变形、断裂。
c. 与其他零件相对运动时产生的表面过度磨损，轴颈被埋嵌在轴承中的硬粒子磨损。

(三) 轴类零件的性能要求

a. 综合力学性能：足够强度、塑性和一定韧性，以防过载断裂、冲击断裂。
b. 高疲劳强度，对应力集中敏感性低，以防疲劳断裂。
c. 足够淬透性，热处理后表面要有高硬度、高耐磨性，以防磨损失效。

d. 良好的切削加工性能，价格便宜。

(四) 轴类零件的选材

根据上述性能要求，轴类零件选择经锻造或轧制的低、中碳钢或合金钢制造。载荷较小时一般使用碳钢，如 35、40、45、50 钢，经正火或调质 + 局部表面淬火热处理改善性能；载荷较大或要求较高时考虑用合金调质钢，如 40Cr、40MnB 等，采用调质 + 局部表面淬火热处理；高速、重载荷作用下，有较大冲击的主轴选择用合金渗碳钢，如 20Cr、20CrMnTi 等，采用渗碳、淬火、低温回火；精度要求极高的主轴选择合金渗氮钢，如 38CrMoAlA 等，经渗氮后使用。

(五) 车床主轴选材实例

如图 8-3 所示是 C616 型车床主轴简图，该主轴承受交变弯曲和扭转复合应力，但载荷和转速不高，冲击载荷不大，选材时具有一般综合力学性能即可。主轴的大端内锥孔和外锥体，经常与卡盘、顶尖间有摩擦；花键部位与齿轮有相对滑动，这些部位要有较高硬度和耐磨性。轴颈与滚动轴承配合，硬度要求不高（220～250 HBS）。

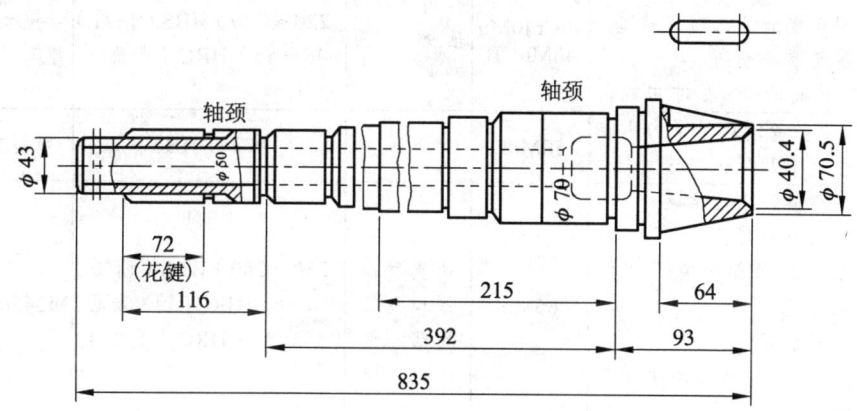

图 8-3　C616 型车床主轴简图

根据以上分析，该主轴选择 45 钢即可。热处理技术条件为：整体调质，硬度为 220～250 HBS；内孔与外锥体淬火，硬度为 45～50 HRC；花键部位高频淬火，硬度为 48～53 HRC。该主轴的加工工艺路线为：下料→锻造→正火→机械粗加工→调质→机械半精加工（除花键外）→局部淬火、回火（锥孔及外锥体）→粗磨（外圆、锥孔及外锥体）→铣花键→花键高频淬火、回火→精磨（外圆、锥孔及外锥体）。

上述加工工艺路线中，正火是为了细化晶粒，改善切削加工性能，并为调质做组织准备；调质处理的目的是获得回火索氏体，保证主轴具有良好的综合力学性能；锥孔及外锥体的局部淬火（用快速加热并水淬），花键部位的高频淬火可使该部位具有较高的硬度和耐磨性，两部分分开淬火是为了减小淬火变形。

表 8-3 列出了不同机床主轴的工作条件、选材及热处理工艺情况，供参考。

表 8-3 机床主轴选材及热处理

序号	工作条件	选用钢号	热处理工艺	硬度要求	应用举例
1	(1) 在滚动轴承中运转 (2) 低速，轻或中等载荷 (3) 精度要求不高 (4) 稍有冲击载荷	45	调质	(220~250 ℃) HBS	一般机床主轴
2	(1) 在滚动轴承中运转 (2) 低速稍高，轻或中度载荷 (3) 精度要求不高 (4) 冲击、交变载荷不大	45	整体淬硬 正火或调质+局部淬火	(40~45) HRC ≤229 HBS (正火) (220~250) HBS (调质) (46~51) HRC (局部)	龙门铣床、立式铣床、小型立式车床的主轴
3	(1) 在滚动或滑动轴承内运动 (2) 低速，轻或中等载荷 (3) 精度要求不高 (4) 有一定的冲击、交变载荷	45	正火或调质后轴颈局部表面淬火	≤229HBS (正火) (220~250) HBS (调质) (46~57) HRC (表面)	CB3463、CA6140、C61200 等重型车床主轴
4	(1) 在滚动轴承内运转 (2) 中等载荷，转速略高 (3) 精度要求不很高 (4) 交变、冲击载荷较小	40Cr 40MnB 40MnVB	整体淬硬调质后局部淬硬	(40~45) HRC (220~250) HBS (调质) (46~51) HRC (局部)	滚齿机、组合机床的主轴
5	(1) 在滚动轴承内运转 (2) 中或重载荷，转速略高 (3) 精度要求较高 (4) 有较高的交变、冲击载荷	40Cr 40Mn 40MnVB	调质后轴颈表面淬火	(220~280) HBS (调质) (46~55) HRC (表面)	铣床、M7475B 磨床砂轮主轴
6	(1) 在滚动或滑动轴承内运转 (2) 轻、中载荷、转速较低	50Mn2	正火	≤241 HBS	重型机床主轴
7	(1) 在滑动轴承内运转 (2) 中等或重载荷 (3) 要求轴颈部分有更高的耐磨性 (4) 精度很高 (5) 交变应力较大，冲击载荷较小	65Mn	调质后轴颈和头部局部淬火	(250~280) HBS (调质) (56~61) HRC (轴颈表面) (50~55) HRC (头部)	M1450 磨床主轴
8	工作条件同序号 7，但表面程度要求较高	GCr15 9Mn2V	调质后轴颈和头部局部淬火	(250~280) HBS (调质) (56~61) HRC (轴颈表面) (50~55) HRC (头部)	MQ1420、MB1432A 磨床砂轮主轴
9	(1) 在滑动轴承内运转 (2) 重载荷，转速很高 (3) 精度要求极高 (4) 有很高的交变，冲击载荷	38CrMoAl	调质后渗氮	≤HBS (调质) HV≥850 (渗氮表面)	高精度磨床砂轮主轴，T63 镗床，C2150.6 多轴自动车床中心轴
10	(1) 在滑动轴承内运转 (2) 重载荷，转速很高 (3) 高的冲击载荷 (4) 很高的交变应力	20CrMnTi	渗氮淬火	HRC≥59 (表面)	Y7163 齿轮磨床、CG1107 车床、SG8630 精密车床主轴

三、冷冲模具的选材

(一) 冷冲模的工作条件

a. 冷冲模的工作部位主要是刃口，当凸模下降与板料接触时，板料就受到了凸凹端面的作用力。由于凸凹模之间有间隙，使凸凹模施加于板料的力产生一个剪力矩，使板料被冲部分旋转一个角度，这时板料对冲模刃口产生一个侧向压力 F，冲模刃口受到很大的弯曲应力。

b. 模具与板料之间有一定的间隙，并且间隙的分布不均匀，使得刃口部位在工作时总是承受强烈的冲击。

c. 板料与刃口部位产生剧烈的摩擦。

d. 板材的强度高低、厚度大小对模具受力有很大影响，厚板材料冷冲模应有高的耐磨性和高的强韧性。

(二) 冷冲模的失效形式

1. 磨损

由于摩擦，模具刃口由锋利变圆钝。磨损到一定程度，就会使冲裁零件产生毛刺，需要磨削后再重新使用。经过多次磨刃，凸模变短，凹模变薄，直至无法工作而失效。

2. 崩刃和凸模折断

冷冲模在冲击力及震动的作用下导致崩刃和凸模折断，这可能和多种原因有关，例如，模具材料选材不当或热处理不合适，冲裁时工艺执行不严，模具安装调试不良等。

(三) 冷冲模材料的性能要求

a. 高硬度，高耐磨性。

b. 足够的抗压、抗弯性能。对凹模来说，抗弯强度要求低一些，抗压要求高。

c. 适当的强韧性。厚板材料冷冲模需要更高的韧性。

(四) 冷冲模材料的选用

冷冲模具材料的选用，主要根据产品的形状尺寸、被冲材料的性能、工作载荷的大小、生产批量、模具成本等多个因素决定。

一般形状简单、轻载荷的冲裁模尽可能用成本低的碳素工具钢材料，进行适当的热处理，就可以达到使用要求，常用 T10、T10A。形状复杂、尺寸较大，工作载荷较轻，要求热处理变形小的冲裁模，可以选择低合金工具钢，例如 CrWMn、9CrWMn、9Mn2V 等；对于大中型模具，制造工艺复杂，加工成本高，材料成本只占模具成本的 10% 左右，因此选用高耐磨、高淬透性、变形小的合金钢，例如，Cr5MO1V、Cr4W2MoV、Cr12MoV等；对于大量生产的冷冲模具，要求寿命高，可以选用硬质合金、钢结硬质合金来制造。

（五）光栅片冲模的选材

光栅片是光学仪器中大量使用的零件，用0.06～0.08 mm的低合金冷轧钢带冲制而成，如图8-4所示。模具要求严格控制尺寸精度和夹角 α 的公差，断面粗糙度 R_a 要低于0.8 μm，对光栅片冲模有较高的技术要求。该模具要求两个冲针孔之间的夹角 α 为 $125°10' \pm 8'$，硬度为61～64HRC。

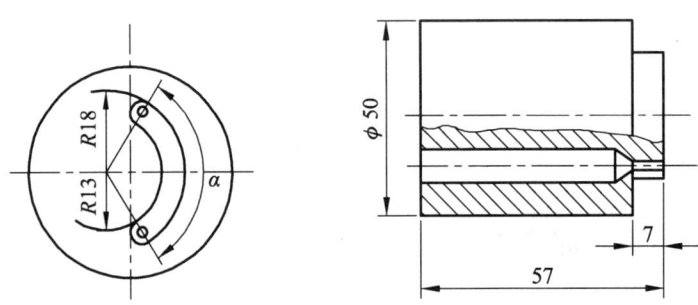

图8-4　光栅片上冲模示意图

该冲模用于冲裁薄片低碳钢，受力较轻，模具主要以磨损为主，制造时精度和公差是主要要求，生产量大；模具材料热处理时变形要小，有良好的淬透性；模具材料要求有良好的切削加工性能。

材料一般选用CrWMn制造。如果用T10A等碳素工具钢，淬火变形易超差；如果用Cr12MoV等钢，则加工困难，不便制造；CrWMn有良好的耐磨性和淬透性，且淬火变形小，是微变形钢，因此较为合适。

该模具的加工工艺路线：毛坯→球化退火→粗加工→调质处理→半精加工→去应力退火→淬火、回火→精磨。

选圆钢毛坯，球化退火之前不锻造，可以降低成本。

球化退火：使钢中碳化物呈粒状分布，细化组织，降低硬度，改善切削加工性能。同时为淬火准备好适宜的组织，使最终成品组织中含有细小的碳化物颗粒，提高钢的耐磨性。

调质处理：细化组织，改善碳化物的弥散度和分布，提高淬火硬度和耐磨性。830 ℃保温15 min油淬，再加热到700～720 ℃保温1～2 h回火，硬度为22～26 HRC。

去应力退火：消除前面加工产生的应力，减小后续加工的变形，为精加工准备。去应力退火采用640 ℃保温4 h，炉冷到300 ℃出炉冷却。

淬火、回火：这是模具的最终热处理，其工艺曲线如图8-5所示。淬火后硬度为61～64 HRC，达到设计要求。经过使用，模具寿命为一次可连续冲制1.2万片以上。

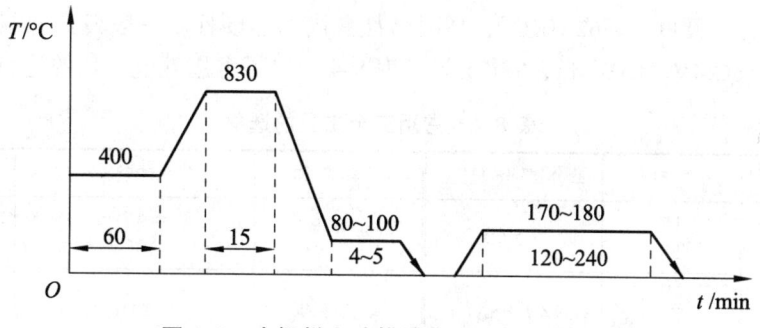

图 8-5 光栅栏上冲模淬火回火工艺曲线

四、箱体类零件的选材

(一) 箱体的工作条件及性能要求

箱体形状一般比较复杂，目的是保证其内部各个零件的正确位置，使各零件运动协调平稳。箱体主要承受各零件的重量以及零件运动时的相互作用力，以支撑零件为主；箱体内各零件运动产生的振动能有缓冲。

箱体的性能要求：a. 足够的抗压性能；b. 较高的刚度防止变形；c. 良好的吸振性；d. 良好的成型工艺性；e. 其他特殊性能，如比重轻等。

(二) 箱体零件材料的选用

由于箱体形状比较复杂、壁厚较薄、体积较大，一般选用铸造毛坯成型，根据力学性能要求常用灰口铸铁、球墨铸铁、铸钢等。工作平稳的用 HT150、HT200、HT250 等；受力较小，要求导热良好、重量轻的箱体可用铸造铝合金；受力较大的箱体可考虑铸钢；单件生产时可用低碳钢焊接而成。箱体加工前一般要进行时效处理，目的是消除毛坯的内应力。

五、常用工具的选材

(一) 锉 刀

锉刀是钳工工具，要求有高的硬度（刃部为 64～67HRC）和耐磨性，通常用 T12 钢制造。

(二) 手用锯条

手用锯条要求高硬度、高耐磨性、较好的韧性和弹性，通常用 T10 钢制造。

(三) 刀 具

切削加工时，刀具与工件之间产生强烈的摩擦并磨损，且刀具受高温作用。这就要求刀具材料应该具有高硬度（>62 HRC）、高耐磨性和高的热硬性。一般刀具的制造都选用合金工具钢，如 W18Cr4V、CrWMn、9SiCr 等。表 8-4 列出了常用五金工具的选材情况。

表 8-4　常用五金工具的选材

工具名称	材料	工作部分 HRC	工具名称	材料	工作部分 HRC
钢丝钳	T7 T8	5~60	活扳手	45 40Cr	全部 41~47
锤子	50 T7 T8	49~56	木工手锯	T10	42~47
旋具	50 60 T7 T8	48~52	木工刨刀片	1．轧焊刀片：GCr15 刀体：20 2．整体：T8	61~63 57~62
呆扳手	50 40Cr	全部 41~47	鲤鱼钳	50	48~54

复习思考题

8-1　填空题

1．零件选材的一般原则是在满足_____的前提下，再考虑_____。

2．零件的变形失效包括_____、_____、_____等。

8-2　指出下列工件在选材与热处理技术中的错误，并提出改正意见。

1．用 40Cr 钢制造直径 30 mm，要求良好综合力学性能的传动轴，采用调质，要求达到 40~45 HRC。

2．用 45 钢制作表面耐磨的凸轮，淬火、回火后要求达到 60~63 HRC。

3．用 45 钢制作直径 15 mm 的弹簧丝，淬火、回火后要求达到 55~60 HRC。

4．选用 9SiCr 制造 M10 板牙，热处理为淬火、回火后要求达到 50~55 HRC。

5．选用 T12 钢制作钳工用的凿子，淬火、回火后要求达到 60~63 HRC。

6．制造转速低，表面耐磨性及心部强度要求不高的齿轮选用 45 钢，渗碳淬火要求达到 58~62 HRC。

8-3　综合题

齿轮在下列情况下，宜选用何种材料制造？
（1）齿轮尺寸较大，而齿坯形状复杂，不宜锻造；
（2）能够在缺乏润滑条件下工作的低速无冲击的齿轮；
（3）当齿轮承受较大的载荷，要求坚硬齿面和强韧的心部时。

参考文献

[1] 王纪安. 工程材料与材料成形工艺[M]. 北京：高等教育出版社，2004.
[2] 邓文英. 金属工艺学[M]. 北京：高等教育出版社，2002.
[3] 崔忠折. 金属学与热处理[M]. 北京：机械工业出版社，2001.
[4] 陈志毅. 金属材料与热处理[M]. 北京：中国劳动与社会保障出版社，2007.
[5] 束德林. 金属力学性能[M]. 北京：机械工业出版社，2001.
[6] 王爱珍. 工程材料及成形技术[M]. 北京：机械工业出版社，2003.
[7] 罗会昌. 金属工艺学[M]. 北京：高等教育出版社，2000.
[8] 张至丰. 金属工艺学[M]. 北京：机械工业出版社，1999.
[9] 王英杰. 金属工艺学[M]. 北京：高等教育出版社，2002.
[10] 梁耀能. 工程材料及加工工程[M]. 北京：机械工业出版社，2004.
[11] 许德珠. 机械工程材料[M]. 北京：高等教育出版社，2002.
[12] 邢建东. 工程材料基础[M]. 北京：机械工业出版社，2004.
[13] 崔占全. 工程材料[M]. 北京：机械工业出版社，2003.
[14] 许德珠. 机械工程材料[M]. 北京：高等教育出版社，2002.
[15] 邢建东. 工程材料基础[M]. 北京：机械工业出版社，2004.
[16] 张念淮. 工程材料与热加工技术[M]. 北京：北京理工大学出版社，2009.
[17] 宋杰. 机械工程材料[M]. 青岛：大连理工大学出版社，2010.
[18] 李辉. 工程材料与成型工艺基础[M]. 上海：上海交通大学出版社，2012.
[19] 张瑞平. 金属工艺学[M]. 北京：冶金工业出版社，2008.
[20] 曾正明. 机械工程材料手册[M]. 北京：机械工业出版社，2004.